Anleitung

zur

chemisch-technischen Analyse.

———

Anleitung

zur

chemisch-technischen Analyse.

Für den

Gebrauch an Unterrichts-Laboratorien

bearbeitet von

Prof. F. Ulzer und **Dr. A. Fraenkel**

Leiter der Versuchsstation f. chem. Gewerbe
am k. k. technolog. Gewerbemuseum in Wien.

Adjunct

———

Mit in den Text gedruckten Abbildungen.

Berlin.

Verlag von Julius Springer.

1897.

Buchdruckerei von Gustav Schade (Otto Francke) in Berlin N.

ISBN-13: 978-3-642-89310-0   e-ISBN-13: 978-3-642-91166-8
DOI: 10.1007/978-3-642-91166-8

Softcover reprint of the hardcover 1st edition 1897

Vorrede.

Die chemisch-technische Analyse hat sich als specieller Theil der analytischen Chemie in den letzten Jahrzehnten sehr entwickelt. Sie stellt es sich zur Aufgabe, präcise und möglichst rasch durchführbare Untersuchungs-Methoden für praktisch verwendete Producte auszuarbeiten. Sie beschränkt sich ferner zumeist darauf, in diesen Producten die technisch wichtigen Bestandtheile zu bestimmen, und wird daher nur in seltenen Fällen in Form einer Gesammtanalyse angewendet werden.

Die ziemlich grosse Anzahl der in oben genanntem Zeitraume erschienenen vorzüglichen Werke, theils allgemeiner Natur, wie Böckmann, Chemisch-technische Untersuchungsmethoden, Bolley-Stahlschmidt, Handbuch der technisch-chemischen Untersuchungen, Post, Chemisch-technische Analyse, u. s. w., theils speciellen Inhalts, wie Lunge, Taschenbuch der Sodafabrikation, Frühling-Schulz, Anleitung zur Untersuchung der für die Zucker-Industrie in Betracht kommenden Rohmaterialien, Benedikt, Analyse der Fette und Wachsarten, Bauer, Gährungstechnische Untersuchungsmethoden etc., beweist wohl am besten das vorhandene Bedürfniss. Sie werden dem Fachmanne, sei er in Fabriks- oder Untersuchungs-Laboratorien thätig, auch jederzeit den gewünschten Aufschluss ertheilen.

Mehr und mehr bricht sich aber die Erkenntniss Bahn, dass auch bereits der Studirende mit den wichtigsten chemisch-technischen Untersuchungsmethoden vertraut gemacht werden solle, und an polytechnischen Hochschulen, an höheren Gewerbeschulen und ähnlichen Anstalten wird diesem Zweige des Unterrichts immer grössere Aufmerksamkeit gewidmet. Die Förderung dieses Zweckes durch einen für jeden Studirenden leicht zugänglichen Behelf, welcher in systematischer Weise die wichtigsten Gebiete der chemischen Industrie umfasst, aus jedem derselben die häufigst vorkommenden und als typisch geltenden Producte herausgreift und deren Untersuchung mit Hilfe von erprobten und zuverlässigen Methoden beschreibt, war die leitende Idee, welche bei der Verfassung dieses kleinen Werkes zu Grunde lag.

Im weiteren Verfolge dieser Grundidee glaubten die Herausgeber einerseits den Standpunkt einnehmen zu müssen, dass der mit der Durchführung chemisch-technischer Untersuchungen betraute Studirende die einfachsten und grundlegenden Arbeiten auf dem Gebiete der quantitativen Analyse, u. zw. sowohl der Gewichts- als der Maass-Analyse, bereits absolvirt habe und liessen daher deren Aufnahme entfallen. Andererseits wollten es dieselben vermeiden, solche Gebiete zu berühren, welche ein specielles Studium voraussetzen, und für welche die Benutzung von Specialwerken unerlässlich ist. So wurde beispielsweise auf die elektro-chemischen Untersuchungs-Methoden nur in einzelnen Fällen hingewiesen, ohne dass deshalb deren grosse und sich stets steigernde Bedeutung verkannt wurde.

Zur Durchführung der gestellten Aufgabe hielten sich die Verfasser durch ihre langjährige, insbesondere unter dem seinerzeitigen Vorstande am k. k. technologischen Gewerbe-Museum, dermaligen o. ö. Professor an der k. k. technischen Hochschule in Wien, Herrn Regierungsrath Dr. Hugo Ritter von Perger, erworbene Erfahrung für berechtigt. Diese Erfahrung, welche sowohl durch den eingeführten und bewährten Lehrgang, als durch das Wirken an der Untersuchungs-Anstalt angeeignet wurde, ermöglichte es den Autoren, unter den vielen vorgeschlagenen Methoden die anscheinend zweckmässigsten herauszugreifen, dieselben hie und da etwas zu modificiren, dabei aber auch allen durch Vereinbarung festgestellten Methoden vollste Aufmerksamkeit zu widmen.

Wesentlich unterstützt wurden dieselben durch ihre regen Beziehungen zu den geehrten Fachgenossen. Unter jenen Herren, welche ihnen besonders mit Rath zur Seite standen und theilweise auch die Revision der betreffenden Abschnitte bereitwilligst übernahmen, seien mit dem Ausdrucke wärmsten Dankes genannt: Professor Dr. Paul Friedländer, Vorstand der II. Section am k. k. technologischen Gewerbe-Museum, A. Willert, k. k. Fachlehrer an der keramischen Schule in Teplitz, E. Jalowetz, Laboratoriums-Vorstand an der Wiener Akademie für Brau-Industrie, A. Stift, Adjunct an der Versuchsanstalt des österr. Vereines für Rübenzucker-Industrie, O. Reitmair, Adjunct an der k. k. landwirthschaftlichen Versuchsstation in Wien, und R. Andreasch, Adjunct an der k. k. Leder-Versuchsstation in Wien.

Herr Professor Dr. G. Lunge vom eidgenössischen Polytechnicum in Zürich gestattete bereitwilligst die Aufnahme einzelner, in seinem „Taschenbuch für Sodafabrikation" veröffentlichter Methoden. Auch hiefür besten Dank.

Schliesslich seien noch jene Werke und Fach-Zeitschriften genannt, welche bei der Bearbeitung des Buches benutzt wurden, und dabei erwähnt, dass Literatur-Nachweise nur bei jenen Methoden angegeben wurden, die noch keinen allgemeinen Eingang in Lehrbüchern gefunden haben.

Fresenius, Anleitung zur quantitativen chemischen Analyse,

Böckmann, Chemisch-technische Untersuchungs-Methoden,

Frühling-Schulz, Anleitung zur Untersuchung der für die Zucker-Industrie in Betracht kommenden Rohmaterialien etc.,

Benedikt, Analyse der Fette und Wachsarten,

Lunge, Taschenbuch der Sodafabrikation etc.

Kalmann, Kurze Anleitung zur chemischen Untersuchung von Rohstoffen und Producten der landwirthschaftlichen Gewerbe und der Fett-Industrie.

Chemiker-Zeitung,
Zeitschrift für analytische Chemie,
Zeitschrift für angewandte Chemie.

So übergeben wir denn das Büchlein mit der Bitte an die verehrten Fachgenossen, uns mit Vorschlägen über Abänderungen oder Modificationen der angeführten Methoden auch weiterhin unterstützen zu wollen und damit die Verwendbarkeit des Werkchens in weiteren Kreisen zu erhöhen.

Wien, im Mai 1897.

Die Verfasser.

Inhalts-Verzeichniss.

Abkürzungen.

ccm	=	Cubikcentimeter
sp. G.	=	specifisches Gewicht
conc.	=	concentrirt
proc.	=	procentig
g	=	Gramm
L	=	Liter

Die Temperaturen beziehen sich, wo nicht besondere Angaben gemacht wurden, auf Grade Celsius.

I. Chemische Gross-Industrie.

Unter den wichtigsten Erzeugnissen der chemischen Gross-industrie, sowie den hierbei verwendeten, natürlichen Ausgangs-materialien ist in diesem Kapitel eine Auswahl getroffen, und die analytische Prüfung derselben beschrieben. Den Untersuchungs-methoden für diese Producte folgen weiter jene für das Wasser, die Kohle und die Rauchgase.

1. Schwefelkies (Pyrit).

Die wichtigste Bestimmung ist die des Schwefels; sie soll auf 0,1 Procent genau durchgeführt werden. Ueberdies wird häufiger eine Wasserbestimmung, seltener die eines Gehaltes an Kupfer und Arsen durchgeführt.

a) Schwefel. Nach dem von den deutschen Leblanc-Soda-fabrikanten allgemein angenommenen Verfahren von Lunge werden 0,5 Gramm des feinst gepulverten und gebeutelten Pyrits in einem mit Trichter versehenen Erlenmeyer-Kolben mit ca. 10 ccm einer Mischung von 3 Volumen Salpetersäure von der Dichte 1,4 und 1 Volumen rauchender Salzsäure übergossen, und bis zum Eintritt der Reaction am Wasserbade mässig erwärmt. Man entfernt dann so-fort vom Wasserbade, die weitere Reaction vollzieht sich grössten-theils freiwillig und wird schliesslich durch neuerliches Erwärmen zu Ende geführt. Die Aufschliessung ist meist nach ca. 10 Minuten beendet; es dürfen nur ganz kleine Mengen ungefärbter Substanzen (Kieselsäure, Baryumsulfat, Bleisulfat etc.), nicht aber dunkel-gefärbte Theilchen oder Schwefel zurückbleiben. Man dampft nun unter Zusatz eines Ueberschusses von Salzsäure am Wasserbade in einer Porzellanschale zur Trockene, nimmt mit einigen Tropfen con-centrirter Salzsäure und heissem Wasser auf und filtrirt ab. Im

Filtrat wird das Eisen durch Zusatz eines geringen Ueberschusses von Ammoniak in der Wärme (60—70°) gefällt, der Niederschlag auf hinreichend dichtem, aber schnell filtrirendem Filter filtrirt, und mit siedend heissem Wasser so lange gewaschen, bis etwa 1 ccm des Filtrats mit Chlorbaryum versetzt, auch nach einigen Minuten keine Trübung zeigt. Das Filtrat wird mit Salzsäure eben angesäuert, znm Kochen erhitzt und zur Fällung der Schwefelsäure eine heisse, 10 procentige Chlorbaryumlösung zugegeben, von welcher etwa 20 ccm erforderlich sind. Die weitere Bestimmung erfolgt in bekannter Weise.

Der Schwefelgehalt der Pyrite wechselt zwischen 46 und 52 Procent. Spanische und norwegische Pyrite zeichnen sich durch hohen Schwefelgehalt aus.

b) **Feuchtigkeit.** Ca. 10 Gramm der Probe werden im Trockenschrank bei 105° bis zum constanten Gewicht getrocknet, wozu etwa 4 Stuuden erforderlich sein dürften.

c) **Kupfer.** Nach dem Verfahren der Duisburger - Hütte[*] werden 5 g des pulverisirten und bei 100° getrockneten Kieses in einem schräg gestellten Erlenmeyer-Kolben mit 60 ccm Salpetersäure (sp. G. 1,2) allmählich in Lösung gebracht. Sobald die heftige Reaction vorbei ist, wird der Kolben erhitzt und abgedampft, bis Schwefelsäure-Dämpfe entweichen. Der trockene Salzrückstand wird in 50 ccm Salzsäure (sp. G. 1,19) aufgelöst, zur Entfernung von Arsen und Reduction von Eisenchlorid 2 g unterphosphorigsaures Natron, gelöst in 5 ccm Wasser, zugegeben und einige Zeit gekocht. Man setzt nun einen Ueberschuss von conc. Salzsäure zu, verdünnt mit etwa 300 ccm heissem Wasser, leitet Schwefelwasserstoff ein, filtrirt und wäscht den Niederschlag gut aus. Das Filter stösst man mit einem Glasstabe durch, spritzt den Niederschlag in den Fällungskolben zurück, bringt die noch am Filter haftenden Schwefelmetalle, sowie die Hauptmenge des Niederschlags durch Salpetersäure in Lösung und dampft den Inhalt des Kolbens im Wasserbade zur Trockene. Man nimmt wieder mit Salpetersäure und Wasser auf, neutralisirt mit Ammoniak und setzt verdünnte Schwefelsäure in geringem Ueberschuss zu. Nach dem Erkalten filtrirt man vom Rückstand ab, wäscht Kolben und Filter mit

---

[*] Taschenbuch für die Soda-, Pottasche- und Ammoniakfabrikation von Dr. G. Lunge. 2. Auflage.

schwefelsäurehaltigem Wasser aus, setzt zum Filtrat 3 bis 8 ccm Salpetersäure und bestimmt das Kupfer elektrolytisch oder unter Hinweglassung der Salpetersäure gewichtsanalytisch als Kupfersulfür. Von dem gefundenen Procentgehalt an Kupfer werden 0,01 Proc. für Wismuth und Antimon abgezogen.

Ein irgend erheblicher Kupfergehalt des Pyrits wird schon bei der Schwefelbestimmung an der bläulichen Färbung des ammoniakalischen Filtrates erkannt. Spanische Kiese enthalten durchschnittlich 3—4 Proc. Kupfer.

d) **Arsen** (nach Reich, modificirt von Mc Cay). 0,5 g Schwefelkies werden in einem Porzellantiegel mit conc. Salpetersäure aufgeschlossen, die freie Säure abgedampft, 4 g Soda zugesetzt, auf dem Sandbade vollkommen zur Trockene gebracht, dann 4 g Salpeter zugegeben und erhitzt, bis die Masse durch 10 Minuten ruhig geschmolzen war. Die Schmelze wird mit wenig heissem Wasser ausgelaugt, die filtrirte Lösung mit Salpetersäure schwach angesäuert, zur Vertreibung der Kohlensäure längere Zeit erhitzt, Silbernitrat zugesetzt, und sorgfältig mit verdünntem Ammoniak neutralisirt. Der alles Arsen als arsensaures Silber enthaltende Niederschlag wird in verdünnter Salpetersäure gelöst, und das Silber entweder nach Volhard mit Rhodanammonium titrirt, oder die Lösung in einer Platinschale abgedampft, der Rückstand getrocknet und als arsensaures Silberoxyd ($Ag_3 As O_4$) gewogen.

2. Kiesabbrände.

Eine Bestimmung des Schwefelgehaltes in Kiesabbränden, die nicht selten durchzuführen ist, kann nach dem unter 1 angegebenen Verfahren gemacht werden, nur verwendet man zweckmässig zum Auflösen Salpetersäure und blos einige Tropfen Salzsäure, um ein Entweichen von Schwefelwasserstoff zu verhindern.

Lunge*) empfiehlt für diesen Zweck folgende Methode:

Genau 2 g Natriumbicarbonat von bekanntem alkalimetrischen Titer werden in einem ca. 30 ccm fassenden Nickeltiegel mit 3,2 g der gepulverten Abbrände gut gemischt, 10 Minuten über einer kleinen Gasflamme, die eben den Tiegelboden berührt, erhitzt, dann wieder umgerührt und weitere 15 Minuten mit stärkerer Flamme

---

*) Taschenbuch für die Sodafabrikation etc.

erhitzt, wobei jedoch ein Schmelzen nicht eintreten soll. Der Tiegel muss während des Erhitzens bedeckt sein. Der Tiegelinhalt wird in eine Porzellanschale entleert, mit Wasser nachgespült, 10 Minuten lang unter Zusatz einer concentrirten, neutralen Kochsalzlösung erhitzt (um das spätere Durchgehen von Eisenoxyd durchs Filter zu vermeiden), dann das Ungelöste abfiltrirt, und bis zum Verschwinden der alkalischen Reaction gewaschen. Nach dem Abkühlen wird mit Methylorange und Normalsalzsäure zurücktitrirt. Die Differenz zwischen der, zur Neutralisation von 2 g Bicarbonat nothwendigen Anzahl ccm Salzsäure (a) und der zum Zurücktitriren verbrauchten Menge (b) mit dem Titer auf Schwefel (1 ccm = 0,016 g S) multiplicirt ergibt die gefundene Schwefelmenge. Bei Anwendung oben angeführter Substanzmenge ist der Procentgehalt an Schwefel:

$$S = \frac{a-b}{2}.$$

3. Schwefelsäure.

Eine quantitative Bestimmung der Verunreinigungen wird nur in selteneren Fällen, wie beispielsweise bei der Verwendung zu Accumulatorenfüllungen, durchgeführt. Die qualitative Prüfung, die sich auf den Nachweis von schwefliger Säure, Salzsäure, Oxyden des Stickstoffs, Blei, Eisen und Arsen erstreckt, sei hier nach dem Verfahren von Krauch angegeben.

a) schweflige Säure. Eine schwachgelbe Jodlösung wird mit Stärke gebläut und zur verdünnten Schwefelsäure zugegeben; es tritt bei Gegenwart von schwefliger Säure Entfärbung ein. Oder man reducirt die schweflige Säure mit Zink oder Aluminium zu Schwefelwasserstoff und prüft auf diesen mit Bleipapier oder einer alkalischen Lösung von Nitroprussidnatrium. (Sehr empfindlich.)

b) Salzsäure. 2 g Schwefelsäure werden auf 30 ccm verdünnt, und einige Tropfen einer Lösung von salpetersaurem Silberoxyd zugegeben; bei einem Gehalt an Salzsäure tritt Trübung ein.

c) Oxyde des Stickstoffs. Sehr empfehlenswerth ist die Diphenylaminprobe. Sie wird nach Wagner in folgender Weise durchgeführt: In ein Porzellanschälchen wird ein ccm reinstes destillirtes Wasser gebracht, dann fügt man einige Krystalle von Diphenylamin zu und giesst 2mal je einen halben ccm der zu prüfenden conc. Schwefelsäure ein. Bei Spuren von Salpetersäure findet nach einiger Zeit Blaufärbung statt. (Dieselbe Reaction zeigen auch andere oxydirende Substanzen.)

d) **Blei.** Man vermischt mit dem 5fachen Volumen starken Weingeistes; eine nach einiger Zeit eintretende Trübung ergibt das voraussichtliche Vorhandensein von schwefelsaurem Bleioxyd, auf welches noch speciell durch Lösen des Niederschlages in essigsaurem Ammon und Fällen mit Kaliumchromat oder Schwefelwasserstoff geprüft werden kann.

e) **Eisen.** Man kocht die Säure mit einem Tropfen Salpetersäure, verdünnt mit wenig Wasser, lässt erkalten und setzt Rhodankalium zu; die Gegenwart von Eisen wird durch Rothfärbung angezeigt.

f) **Arsen.** 2 ccm conc. Schwefelsäure werden mit dem gleichen Volumen Wasser verdünnt, ein Stückchen granulirtes Zink zugegeben und bis zur kräftigen Gasentwicklung gelinde erwärmt. Eine eintretende Gelbfärbung zeigt Arsen an.

Die Schwefelsäure kann bis 0,1 Proc., in einzelnen Fällen selbst bis 0,4 Proc. Arsen enthalten. Wegen der nachtheiligen Wirkung wird öfters eine quantitative Bestimmung vorgenommen, für die sich die folgende Methode von Lunge empfiehlt.

Ca. 20 g Säure werden mit dem gleichen Volumen Wasser verdünnt, zur Reduction der Arsensäure längere Zeit schweflige Säure eingeleitet, bis die Flüssigkeit stark danach riecht, das überschüssige Schwefeldioxyd durch Einleiten von Kohlensäure in der Hitze vertrieben, mit Natriumcarbonat genau neutralisirt, etwas Natriumbicarbonat zugesetzt und mit $^1/_{10}$-Normaljodlösung bis zur Blaufärbung titrirt (1 ccm Jodlösung = 0,00495 g $As_2 O_3$). Bei irgend erheblicherem Eisengehalt ist dieses zuerst zu entfernen.

4. Rauchende Schwefelsäure und Anhydrid.

Rauchende Schwefelsäure kommt in neuerer Zeit mit sehr hohem Gehalte an Anhydrid (bis über 70 Proc.) als öldicke Flüssigkeit oder auch in fester Form in den Handel und findet hauptsächlich in der Farbenindustrie Anwendung. Anhydrid ist eine feste Masse, mit 80—90 Proc. wirklichem Anhydrid (SO_3) und 10 bis 20 Proc. Monohydrat.

Die Untersuchung erstreckt sich auf die Bestimmung des Gehaltes an Anhydrid und an schwefliger Säure. Beim Abwägen der Substanz und dem darauffolgenden Verdünnen mit Wasser ist besondere Vorsicht zu beobachten, um einerseits das Anziehen von Feuchtigkeit während des Abwägens, andererseits das Entweichen von Anhydrid und von schwefliger Säure, durch die beim Verdünnen eintretende Erwärmung zu verhindern. Folgendes, von Lunge empfohlene Verfahren erweist sich als sehr zweckmässig.

Das Abwägen erfolgt in einer dünnwandigen Kugelröhre von ca. 20 mm Durchmesser, welche nach beiden Seiten in lange, capillare Spitzen ausläuft. Das Gewicht der leeren Kugelröhre wird vorerst ermittelt. 3—5 g der, wenn nothwendig, durch vorsichtiges Erwärmen am Sandbade oder auf einer Eisenplatte verflüssigten Substanz werden in die Kugelröhre gesaugt. Zum Ansaugen bedient man sich einer, mit einfach durchbohrtem Kautschukstöpsel versehenen, enghalsigen Flasche. Durch die Bohrung geht eine dichtschliessende Glasröhre mit Glashahn, über deren freies Ende ein Kautschukschlauch gezogen wird. Durch Ansaugen mit dem Munde und sofortiges Schliessen des Hahnes wird in der Flasche ein partielles Vacuum hervorgerufen. Nun schiebt man den Kautschukschlauch über eines der capillaren Enden der Kugelröhre, taucht das andere in die zu untersuchende Säure und lässt durch Oeffnen des Hahnes die gewünschte Menge eintreten, jedesfalls aber nur so viel, dass die Kugelröhre nicht ganz zur Hälfte gefüllt ist. Nach dem Reinigen schmilzt man eines der capillaren Enden zu und wägt in horizontaler Lage ab. Nun bringt man das Kugelrohr mit dem offenen Ende nach unten in einen kleinen Erlenmeyer-Kolben, dessen Hals durch die Kugel verschlossen wird und in dem sich so viel Wasser befindet, dass die Spitze des Rohres ziemlich tief eintaucht. Man bricht dann die obere Spitze ab, spült nach dem Auslaufen des Oleums die Röhre durch Auftropfen von Wasser in das obere Capillarrohr nach und wäscht schliesslich die ganze Kugelröhre durch Ansaugen von Wasser gut aus. Beim stärksten Oleum (über 70 Proc.) kann man nicht direct in Wasser einlaufen lassen, ohne Verlust zu erleiden. Man wägt alsdann wie oben in einem Kugelröhrchen, schmilzt beide Enden zu, bringt das Röhrchen in eine ziemlich viel Wasser enthaltende Flasche, verschliesst mit dicht schliessendem Glasstopfen, zertrümmert das Kugelröhrchen durch Schütteln der Flasche, und lässt etwas stehen. Der Inhalt des Kolbens oder der Flasche wird schliesslich in einen Messkolben von 500 ccm gebracht, zur Marke angefüllt, und in einem Theile die Gesammtsäure mit Lauge, in einem anderen Theile die schweflige Säure mit Jodlösung titrirt*).

Zur Berechnung wird das Ergebniss der Titration mit Natronlauge in Procenten Schwefelsäureanhydrid (a), jenes der Titration mit Jodlösung in Procenten Schwefligsäureanhydrid (b) ausgedrückt. Den Werth b rechnet man auf Schwefelsäureanhydrid um und zieht die so erhaltene Zahl (c) von a ab; die Differenz (a—c) gibt dann den Gesammtgehalt an Schwefelsäureanhydrid an. Wird weiters die Summe (a—c) + b von 100 subtrahirt, so erfährt man die Menge des enthaltenen Hydratwassers und kann aus dieser das Monohydrat in Procenten berechnen (d). Die Differenz 100 — (d + b) gibt dann den Procentgehalt an freiem, aktivem Anhydrid.

Beispiel. Bei der Untersuchung einer rauchenden Schwefelsäure wurde das Ergebniss der Titration mit Lauge zu 85,5 Proc. SO_3 (a), das der Titration mit Jod zu 0,6 Proc. SO_2 (b) berechnet. Der Werth b wird auf SO_3 umgerechnet, nach der Proportion 64 : 80 = 0,6 : c und daraus c = 0,75 Proc. gefunden. Die Differenz a—c = 84,75 Proc. SO_3. Die Summe (a—c) + b = 85,35 von 100 subtrahirt gibt 14,65 Proc. Hydratwasser. Diese entsprechen nach der Proportion 18 : 98 = 14,65 : d; d = 79,76 Proc. Monohydrat; es verbleiben demnach 100 — (d + b) = 100 — 80,36 = 19,64 Proc. Schwefelsäureanhydrid.

Die Säure enthält demnach: 79,76 Proc. $H_2 SO_4$
19,64   - SO_3
0,60   - SO_2

Enthält eine rauchende Schwefelsäure keine schweflige Säure, so gibt die Differenz 100 — a den Procentgehalt an Hydratwasser. Man berechnet dann die diesem Werthe entsprechende Menge Monohydrat (d) nach der Proportion 18 : 98 = (100 — a) : d und erfährt aus der Differenz 100 — d den Gehalt an freiem Anhydrid.

---

*) Zum Abwägen der Säure kann auch die Kugelhahnpipette von Lunge und Rey sehr vortheilhaft verwendet werden.

5. Nitrose.

Der Gehalt der Nitrose an „Stickstoffverbindungen insgesammt“, der für den Kammerbetrieb von grosser Wichtigkeit ist, wird im Lunge'schen Nitrometer bestimmt. Die Bestimmung beruht darauf, dass in Schwefelsäure gelöste Säuren des Stickstoffs bei der Einwirkung auf metallisches Quecksilber zu Stickoxyd, NO, reducirt werden, dessen Menge man ermittelt.

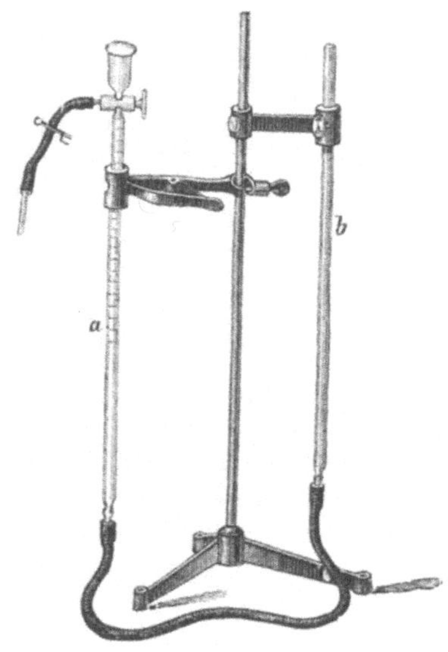

Fig. 1.
Lunge'sches Nitrometer.

Das Nitrometer besitzt in seiner ursprünglichen Form folgende Einrichtung: Das in $^1/_5$ oder $^1/_{10}$ ccm getheilte Rohr a (Figur 1) fasst über 50 ccm und endigt oben in einen Trichter. Dieser trägt einen Dreiweghahn, durch dessen gerade Bohrung eine Communication des Trichters mit dem Messrohr stattfindet, während eine zweite, gekrümmte Bohrung es ermöglicht, den Inhalt des Trichters in der Richtung der Axe des Hahnschlüssels seitwärts ablaufen zu lassen. Zu diesem Zweck ist an den Hahnschlüssel des Dreiweghahnes noch ein Kautschukrohr mit Schraubenquetschhahn und ein kurzes Glasrohr angesetzt. Endlich kann der Dreiweghahn auch so gestellt werden, dass der Trichter mit keiner der beiden Bohrungen communicirt.

Die Röhre b ist ein starkes Glasrohr von annähernd gleichem Durchmesser und Inhalt wie a. Beide Röhren sind durch einen dickwandigen Kautschukschlauch verbunden. Das Weitere ergibt sich aus der Zeichnung. Beim Arbeiten mit dem Apparat stellt man zunächst b so, dass sein unteres Ende etwas höher als der Hahn von a zu stehen kommt, und giesst bei offenem Hahn Quecksilber durch b ein, bis es oben in den Trichter von a eingedrungen ist; da es von unten in a einfliesst, legt es sich ohne Luftblasen an die Wände an. Man schliesst dann den Hahn, lässt das im Trichter stehende Quecksilber seitlich abfliessen, stellt b tiefer und den Dreiweghahn schief, so dass keine seiner Bohrungen in Thätigkeit tritt.

Nun lässt man aus einer ganz feinen Pipette die Nitrose in den Glastrichter einfliessen (bei sehr starken Nitrosen nur 0,5 ccm, bei schwächeren 2—5 ccm), senkt das Niveau-Rohr b hinreichend, öffnet den Hahn vorsichtig, so dass die Nitrose eingesaugt, aber keine Luft mitgerissen wird, und spült den Trichter in gleicher Weise zweimal, das erste Mal mit 2—3, das zweite Mal mit 1—2 ccm concentrirter, von Stickstoffsäuren vollkommen freier Schwefelsäure nach. Im Ganzen sollen höchstens 8—10 ccm Säure in den Apparat gelangen. Nun bringt man die Gasentwicklung in Gang, indem man das Rohr a aus der Klammer nimmt, mehrmals fast horizontal hält und plötzlich aufrichtet, so dass Säure und Quecksilber sich gut mischen. Dann schüttelt man 1—2 Minuten, bis sich kein Gas mehr entwickelt; mehr Zeit ist in der Regel nicht erforderlich. Man wartet jetzt, bis sich die Säure geklärt und abgekühlt hat und der Schaum verschwunden ist, was meist nicht viel Zeit erfordert, stellt durch Verschieben von b das Quecksilber in diesem Rohre so, dass es um so viel höher als dasjenige in a ist, als der Schwefelsäure entspricht, (für 7 mm Säurehöhe 1 mm Quecksilberhöhe) liest das Volumen des Stickoxydes, welches nie mehr als 50 ccm betragen darf, ab, reducirt auf 0^0 und 760 mm Druck und berechnet den Gehalt an salpetriger Säure, indem man für jeden ccm des reducirten Volumens 1,701 mgr N_2O_3 in Rechnung bringt. Etwa enthaltene Salpetersäure wird dabei gleichfalls als salpetrige Säure in Rechnung gebracht.

Lunge hat Tabellen entworfen, welche die Reduction des Gasvolumens, sowie die Umrechnung auf salpetrige Säure durch blosses Ablesen gestatten.

Will man nach beendeter Ablesung controliren, ob die Säureschichte im Messrohre durch eine hinreichende, höhere Quecksilbersäule im Rohre b compensirt wurde, so öffnet man den Hahn. Steigt das Niveau der Säure, so war zu viel, fällt es, so war zu wenig Druck vorhanden; das abgelesene Volumen war demnach im ersten Falle zu klein, im zweiten zu gross. Wurden z. B. 15,3 ccm abgelesen, und stieg die Säure nach dem Oeffnen des Hahnes auf 15,2, so beträgt das richtige Volumen 15,3 + 0,1 = 15,4 ccm.

Um den Apparat für eine neue Bestimmung vorzubereiten, hebt man bei geöffnetem Hahne das Rohr b, treibt dadurch zunächst das Stickoxyd aus und bringt die durch schwefelsaures Quecksilberoxydul getrübte Säure in den Trichter. Sobald eben Quecksilber in diesen eindringt, schliesst man den Hahn, lässt die Säure durch die axiale Bohrung seitlich abfliessen, nimmt den letzten Rest mit Fliesspapier weg und dreht schliesslich den Hahn so, dass der Trichter weder mit dem Rohr a noch mit der axialen Ausflussöffnung communicirt.

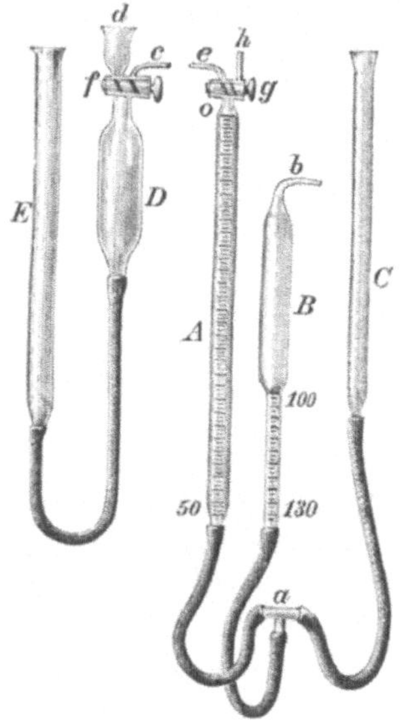

Fig. 2.
Lunge'sches Gasvolumeter.

Enthält die Nitrose merkliche Mengen von schwefliger Säure, so setzt man derselben im Trichter des Nitrometers etwas gepulvertes, übermangansaures Kali zu.

Dem ursprünglichen Nitrometer vorzuziehen, ist das neue Gasvolumeter von Lunge. Es unterscheidet sich von dem Nitrometer wesentlich dadurch, dass die Zersetzung der Nitrose und die Messung des gebildeten Gasvolumens nicht in demselben Rohre, sondern in getrennten Theilen des Apparates vorgenommen wird, dass die Beobachtung der Temperatur und des Barometerstandes, sowie alle damit verbundenen Berechnungen bei der Ablesung des Gasvolumens entbehrlich sind, und dass es sich schliesslich auch für eine Menge anderer analytischer Operationen eignet.

Wie aus nebenstehender Zeichnung (Fig. 2) ersichtlich, ist der eine Theil des Apparates, das Reactionsgefäss, bestehend aus den Röhren E und D, dem Hahn f und dem Trichter d dem früheren Nitrometer ganz ähnlich. Er unterscheidet sich von demselben nur dadurch, dass das zur Zersetzung der Nitrose dienende Rohr D nicht graduirt ist, und der Hahn f statt der axialen, eine zweite, seitliche Bohrung besitzt, durch welche eine Communication des Röhrchens c mit dem Rohre D bewirkt werden kann. In diesem Theile des Apparates wird die Zersetzung der Nitrose ganz so wie früher vorgenommen.

Der zweite Theil des Apparates besteht aus den 3 Röhren A, B und C, die durch dicke Kautschukschläuche mittelst des Dreiwegröhrchens a mit einander verbunden sind. A ist ein in $^1/_{10}$ ccm eingetheiltes, 50 ccm fassendes Gasmessrohr, mit doppelt durchbohrtem Hahn g, welcher eine Communication von A sowohl mit dem geraden Röhrchen h, als mit dem rechtwinklig gebogenen Röhrchen e ermöglicht. B dient als Reductionsrohr. Es ist unter dem erweiterten Theile, welcher nahezu 100 ccm fasst, von 100 bis 125 ccm in $^1/_{10}$ ccm getheilt und wird mit genau soviel Luft gefüllt, dass deren Volumen bei 0^0 und 760 mm im trockenen Zustand 100 ccm betragen würde. Das Volumen V, welches den Raum ausdrückt, den 100 ccm Luft von 0^0 und 760 mm Druck bei der beobachteten Temperatur t und dem Drucke b einnehmen würden, berechnet sich aus der Gleichung $V = \dfrac{100\,(273 + t)\,760}{273\,b}$. [*]

Man führt nun einen Tropfen conc. Schwefelsäure in B ein, giesst Quecksilber in das Niveaurohr C, bis es in B an jenen Theilstrich gelangt, der das Volumen V anzeigt, und schmilzt b entweder vorsichtig und unter Vermeidung eines Erwärmens von B zu, oder schliesst einen bei b angebrachten, gut passenden Glashahn. Nun nimmt man die Zersetzung der Nitrose in dem Reactionsgefäss des Apparates in der vorher beschriebenen Weise vor, bringt dann D und A einander gegenüber, nachdem auch A durch Heben von C vollständig bis zum Ende des Röhrchens e mit Quecksilber gefüllt wurde. Es wird hierauf c mit e durch ein Stück Kautschukrohr derart verbunden, dass Glas an Glas stösst, und keine Luft dazwischen bleibt. Nun hebt man E, senkt C und öffnet vorsichtig die Hähne f und g in dem Augenblick, wo der Druck in E alles Gas nach A übergetrieben hat, und die Säure aus D durch c und e bis an den Hahn g gelangt, schliesst man diesen, sowie auch f und nimmt D und A wieder auseinander. Nun hebt man C, bis das Queck-

---

[*] Für sehr genaue Bestimmungen zieht man, wegen der Ausdehnung des Quecksilbers, für Werthe von t bis 12^0 1 mm, von $13-19^0$ 2 mm, von $20-25^0$ 3 mm ab.

silber in B genau auf 100 steht, und bewegt C und B mittelst einer Doppelklammer gemeinschaftlich auf oder nieder, bis das Quecksilber in A und B genau auf demselben Niveau steht, gleichzeitig aber in B auf dem Theilstrich 100 bleibt. Da nun das Gas in B soweit comprimirt ist, dass es dasselbe Volumen einnimmt, als ob es auf 0^0 und 760 mm Druck gebracht wäre, das Gas in A aber genau ebenso comprimirt ist, so zeigt die Ablesung in A das Gas gleich auf Normalbedingungen reducirt an. Vorausgesetzt ist dabei die gleiche Temperatur in A und B, die durch das Quecksilber schnell hergestellt wird; bei grösseren Mengen Stickoxyd wartet man vor der letzten Einstellung 10 Minuten.

Bei Anwendung dieser besonderen Reactionsgefässe ist man der Unannehmlichkeiten von Schaum, Schlamm, Compensation für Säureschichte etc. enthoben, das Gasmessrohr bleibt immer rein, und man kann mit demselben Gasmessrohr ohne neuerliche Reinigung eine grosse Anzahl von Bestimmungen vornehmen.

6. Salzsoole.

Folgende Bestimmungen werden in der Regel durchgeführt: specifisches Gewicht, Gesammt-Chlor, Schwefelsäure, Eisenoxyd, Thonerde, Kalk, Magnesia, Kohlensäure. Ferner wird meist eine qualitative Prüfung auf Kali, Brom und Jod vorgenommen und werden diese Bestandtheile eventuell auch quantitativ bestimmt.

a) Specifisches Gewicht. Dasselbe wird mittelst Pyknometer in bekannter Weise bestimmt.

b) Gesammt-Chlor. 10 ccm der Soole werden auf 1000 ccm verdünnt, und in 25 ccm der Flüssigkeit eine gewichtsanalytische oder titrimetrische Chlorbestimmung durchgeführt.

c) Schwefelsäure. 50 ccm Soole werden mit einigen Tropfen Salzsäure angesäuert (dabei fällt bei sehr concentrirten Soolen Chlornatrium aus), mit der 1—2fachen Wassermenge verdünnt und in der Wärme mit Chlorbaryum gefällt.

d) Eisenoxyd und Thonerde. 250 ccm Soole werden mit etwas Salpetersäure erwärmt, nach Zusatz von Chlorammonium mit Ammoniak gefällt, der entstehende Niederschlag abfiltrirt, und beide Bestandtheile, die meist in sehr geringer Menge vorhanden sind, gemeinsam gewogen. Von dem Vorhandensein des Eisens kann man sich in einer separaten, mit etwas Salpetersäure oxydirten Probe der Soole durch Zusatz von Rhodanammonium überzeugen.

e) **Kalk** wird im Filtrate von d) mit oxalsaurem Ammon gefällt und in bekannter Weise als Oxyd bestimmt.

f) **Magnesia.** Das Filtrat vom Kalk wird mit phosphorsaurem Natron gefällt, und ein entstehender Niederschlag in Form von pyrophosphorsaurer Magnesia gewogen.

g) **Kohlensäure.** Zu $\frac{1}{2}$ Liter der Soole werden 1—2 Tropfen Methylorange-Lösung gesetzt und mit $\frac{1}{10}$ normaler Salzsäure bis zur röthlichen Färbung titrirt ($2\,HCl = 1\,CO_2$).

h) **Kali, Brom und Jod.** Die qualitative Prüfung auf diese 3 Körper kann in folgender Weise durchgeführt werden. Eine grössere Menge der Soole wird auf etwa $\frac{1}{3}$ ihres Volumens abgedampft, von dem ausgeschiedenen Salz durch Filtration oder Absaugen getrennt, das Filtrat neuerdings eingeengt, das abermals ausgeschiedene Salz so wie früher entfernt, und die Mutterlauge in 2 Theile getheilt. In dem einen prüft man mittelst Platinchloridlösung auf Kalium, welches in Form von gelbem, krystallinischem Kaliumplatinchlorid ausfällt, den anderen Theil versetzt man mit Chloroform und gibt tropfenweise Chlorwasser unter Umschütteln zu. Es wird zuerst Jod ausgeschieden, welches das Chloroform violett färbt, später Brom, das durch eine gelbe bis braune Färbung der Chloroformschichte erkenntlich ist.

Die quantitative Bestimmung dieser drei Körper sei hier nicht weiter besprochen.

Die Zusammenstellung der Analysenresultate erfolgt nach den gleichen Grundlagen, wie sie später (S. 24) für die Bestimmung der näheren Zusammensetzung des Kesselspeisewassers angegeben werden.

7. Rohe Salzsäure.

Dieselbe kann an Verunreinigungen enthalten: **Schwefelsäure, schweflige Säure, Chlor, Arsen und Eisen-Verbindungen, Thonerde, Kalk, Alkalien, Brom- und Jodwasserstoff.** Die gelbe Farbe rührt von Eisenchlorid, organischer Substanz oder Chlor her. Der Chlorgehalt ist gewöhnlich auf einen Gehalt der Schwefelsäure an salpetriger Säure zurückzuführen, Arsen und Eisen-Verbindungen entstammen der rohen Schwefelsäure.

Die qualitative Prüfung auf die genannten Verunreinigungen erfolgt nach den üblichen Methoden (s. auch unter Schwefelsäure). Zur qualitativen Prüfung auf Arsen empfiehlt Krauch folgendes Verfahren: 10 g Salzsäure werden mit 10 ccm Wasser verdünnt und vorsichtig mit 5 ccm frisch bereitetem Schwefelwasserstoffwasser überschichtet. Bei Abwesenheit von Arsen soll nach einstündigem Stehen sowohl in der Kälte als in der Wärme zwischen beiden Flüssigkeitsschichten keine Färbung und kein gelber Ring entstehen.

Von den quantitativen Bestimmungen seien die des Arsens, Eisens und der schwefligen Säure besonders erwähnt.

a) Arsen. Man leitet zur Reduction etwa vorhandener Arsensäure anhaltend schweflige Säure ein, und fällt, nach dem Vertreiben der überschüssigen schwefligen Säure, mit Schwefelwasserstoff das Arsen als Trisulfid aus. Der Niederschlag wird abfiltrirt, gut gewaschen, auf dem Filter in Ammoniak gelöst, die Lösung in einem tarirten Glas- oder Porzellanschälchen verdunstet, und das Arsentrisulfid bei 100^0 getrocknet und gewogen.

b) Eisen. Eine gemessene Menge der Säure wird zunächst im Kohlensäurestrom mit eisenfreiem Zink behandelt, um alles Eisen zu reduciren. Dann verdünnt man stark mit Wasser, versetzt mit etwas 20proc. Manganchlorür- oder Sulfatlösung und titrirt mit genau gestellter, etwa $^1/_{20}$ normaler Permanganatlösung.

c) Schweflige Säure. Selbe wird mittelst Permanganat, Jod- oder Wasserstoffsuperoxyd zu Schwefelsäure oxydirt, und diese mit Chlorbaryum gefällt. Ursprünglich vorhandene Schwefelsäure muss ebenfalls bestimmt und von der erst gefundenen Menge in Abrechnung gebracht werden.

8. Soda.

Dieselbe wird bekanntlich heute hauptsächlich nach zwei Processen erzeugt, dem Leblanc-Process und dem Ammoniaksoda-Process. Die Leblanc-Soda kann als Verunreinigungen wesentlich enthalten: schwefelsaures Natron, Chlornatrium, kieselsaures Natron, Thonerdenatron, Natronhydrat, Schwefelnatrium, schwefligsaures Natron, Eisenoxyd, kohlensauren Kalk, Sand, Kohle. Die Ammoniaksoda ist meist sehr rein und enthält in der Regel nur etwas Chlornatrium ($^1/_2$ bis ca. $2^1/_2$ Proc.), zuweilen Natriumbicarbonat und höchstens Spuren von Aetznatron. Dabei darf aber nicht unerwähnt bleiben, dass auch die Leblanc-Soda heute meist sehr rein in den Handel kommt, wie denn überhaupt von einer guten Soda verlangt wird, dass sie nicht über 0,4 Proc. in Wasser Unlösliches, 0,1 Proc. in Salzsäure Unlösliches und ca. 0,02 Proc. Eisenoxyd enthält.

Im Folgenden sei die Untersuchungsmethode für technische Soda unter Rücksichtsnahme auf deren mögliche Verunreinigungen angegeben. Dass dabei die gleichzeitige Anwesenheit mancher angeführter Bestandtheile, wie beispielsweise die von Aetznatron und Natriumbicarbonat, ausgeschlossen ist, scheint wohl kaum bemerkt werden zu müssen. Zweckmässig ist es, auf das Vorhandensein einzelner Bestandtheile, wie Aetznatron, Schwefelnatrium und schwefligsaures Natron zuerst qualitativ zu prüfen.

Die qualitative Prüfung auf Aetznatron erfolgt ähnlich wie die quantitative, indem man etwas Sodalösung mit Chlorbaryum im Ueberschuss fällt und das Filtrat mit Lackmus oder Phenolphtaleïn auf alkalische Reaction prüft. Die Gegenwart von Schwefelnatrium wird mittelst einer alkalischen Lösung von Nitroprussidnatrium oder mittelst Bleipapier erkannt. Zur Prüfung auf schwefligsaures Natron wird eine Probe mit Essigsäure angesäuert, Stärkelösung zugesetzt und beobachtet, ob beim Eintropfen einer verdünnten Jodlösung Entfärbung eintritt.

Quantitative Untersuchung.

Es werden zweckmässig 53 g Soda (entsprechend dem halben Moleculargewicht) in einem grossen Becherglas unter Umrühren mit warmem Wasser bis zur Lösung versetzt, $\frac{1}{2}$ Stunde absetzen gelassen und dann durch ein getrocknetes und gewogenes Filter in einen Literkolben filtrirt. Nach dem Auswaschen des Filters wird der Kolben zur Marke angefüllt. Der Rückstand wird bei 100^0 im Filter bis zum constanten Gewicht getrocknet, und ergibt „das in Wasser Unlösliche". Soll dieses näher untersucht werden, so befeuchtet man das Filter wieder mit Wasser und übergiesst es mit warmer, verdünnter Salzsäure; Eisenoxyd, Thonerde, kohlensaurer Kalk und kohlensaure Magnesia gehen in Lösung. Wird das Filter mit warmem Wasser ausgewaschen, getrocknet und gewogen, so hinterbleibt auf demselben noch Sand und Kohle; durch Veraschen des Filters wird die Kohle verbrannt, der Glührückstand, der gewogen wird, besteht nur aus Sand. In dem salzsauren Filtrate wird meist nur eine quantitative Bestimmung des Eisens vorgenommen. Dasselbe wird zu diesem Zwecke mit Ammoniak gefällt, der entstandene Niederschlag in Schwefelsäure (1 : 4) gelöst, mit Zink reducirt und mit Kaliumpermanganatlösung titrirt. Der Rest des Unlöslichen, nach Abzug des Eisenoxyds, des Sandes und der Kohle kann als Calciumcarbonat angegeben werden.

Untersuchung der wässerigen Lösung.

a) Säuresättigendes Natron. 50 ccm der Lösung, entsprechend 2,65 g Soda, werden nach Zusatz von Methylorange mit Salzsäure (zweckmässig $\frac{1}{2}$ normal) titrirt, und das Resultat auf kohlensaures Natron berechnet. In demselben sind Aetznatron, Schwefelnatrium, schwefligsaures Natron, kieselsaures Natron, Thonerdenatron und eventuell Natriumbicarbonat als kohlensaures Natron mit einbezogen.

b) Schwefelsaures Natron. 50 — 100 ccm der Lösung werden mit Salzsäure schwach angesäuert, und die heisse Flüssigkeit mit Chlorbaryum gefällt.

c) Chlornatrium. 20—50 ccm werden mit verdünnter Salpetersäure angesäuert und mit Silbernitrat gefällt. Die Anwesenheit erheblicher Mengen von Schwefelnatrium kann die Genauigkeit beeinflussen.

d) Aetznatron. 100 ccm der Sodalösung werden in einem grossen Becherglas mit Phenolphtaleïn und 150 ccm 10 proc. Chlorbaryumlösung versetzt, mit destillirtem Wasser stark verdünnt und mit $\frac{1}{10}$ normaler Oxalsäure bis zur Entfärbung titrirt. Eine vorherige Filtration kann unterbleiben.

e) Schwefelnatrium. 100 ccm der Lösung werden zum Sieden erhitzt und nach Zusatz von Ammoniak ammoniakalische Silberlösung tropfenweise so lange zugesetzt, bis kein Niederschlag von Schwefelsilber mehr entsteht. Zur besseren Beobachtung filtrirt man gegen das Ende der Operation und titrirt das Filtrat weiter. Dies wird so oft wiederholt, bis nur noch eine ganz geringe Trübung des Filtrats eintritt.

Zur Bereitung der ammoniakalischen Silberlösung löst man

13,845 g Feinsilber in reiner Salpetersäure, versetzt die Lösung mit 250 ccm Ammoniak und verdünnt auf 1 Liter. Jeder ccm der Lösung entspricht 0,005 g $Na_2 S$.

f) **Schwefligsaures Natron.** 100 ccm Sodalösung werden mit Essigsäure angesäuert, Stärkelösung zugesetzt und mit $^1/_{10}$ Normal-Jodlösung bis zur Blaufärbung titrirt. 2 Atome Jod entsprechen 1 Molecül schwefligsaurem Natron oder 1 ccm Jodlösung $= 0{,}0063$ g $Na_2 SO_3$.

Von dem Resultat muss der nach e) gefundene und auf schwefligsaures Natron umgerechnete Gehalt an Schwefelnatrium abgezogen werden.

g) **Kieselsaures Natron und Thonerdenatron.** 100 ccm der Lösung werden in einer geräumigen Porzellanschale mit Salzsäure angesäuert, zur Trockene verdampft, die Kieselsäure wie gewöhnlich abgeschieden, und im Filtrat die Thonerde durch Fällung mit Ammoniak bestimmt.

h) **Bicarbonat.** Die Bestimmung beruht darauf, dass das Bicarbonat durch Zusatz von Natronlauge in normales Carbonat übergeführt wird. Setzt man daher einen Ueberschuss titrirter Lauge zu einer Sodalösung, fällt das kohlensaure Natron mit Chlorbaryum und titrirt das noch verbleibende ätzende Natron zurück, so entspricht der Verbrauch von Aetznatron dem Gehalt an Bicarbonat; und zwar ist nach der Gleichung:

$$Na\,H\,CO_3 + Na\,OH = Na_2\,CO_3 + H_2\,O$$

1 Molecül Aetznatron auch 1 Molecül Bicarbonat äquivalent.

Zur Durchführung wird zweckmässig eine eigens abgewogene Sodamenge (ca. 5 g) in einem ca. 1 Liter fassenden Becherglas in 100 ccm vorher ausgekochtem und dann auf 15—20° abgekühltem Wasser gelöst. Umschütteln und Erwärmen sind zu vermeiden, da dadurch das Bicarbonat Kohlensäure verlieren könnte; hingegen kann das Auflösen der Soda durch Zerdrücken der am Boden befindlichen Theile beschleunigt werden. Nun werden 25 ccm $^1/_2$ Normal-Natronlauge, dann 150 ccm 10 proc. Chlorbaryumlösung und einige Tropfen Phenolphtaleïn-Lösung zugegeben, mit etwa 500 ccm destillirtem Wasser verdünnt, und der Ueberschuss der Lauge mit $^1/_2$ Normal-Oxalsäure zurücktitrirt.

Da die Lauge meist etwas carbonathaltig ist, werden gleichzeitig ebenfalls 25 ccm derselben mit 100 ccm destillirtem Wasser versetzt, 150 ccm Chlorbaryumlösung und einige Tropfen Phenolphtaleïn zugegeben und mit $\frac{1}{2}$ Normal-Oxalsäure titrirt. Würden hierbei 24,75 ccm Oxalsäure (statt 25) verbraucht werden, so entsprechen diese dem wirklichen Gehalt der Lauge an Aetznatron.

Berechnung. Es wären 5 g Soda verwendet worden, und man hätte zum Zurücktitriren 13,5 ccm $\frac{1}{2}$ Normal-Oxalsäure verbraucht, so wurden 24,75 — 13,5 = 11,25 ccm $\frac{1}{2}$ Normallauge von dem Bicarbonat beansprucht; diese entsprechen $0,02 \times 11,25 = 0,225$ g Aetznatron. Nach der Proportion:

$$40\,(Na\,OH) : 84\,(Na\,H\,CO_3) = 0,225 : x \text{ ist } x = 0,4725 \text{ g } Na\,H\,CO_3$$

oder 9,45 Proc. Bicarbonat.

i) **Feuchtigkeit.** Diese wichtige Bestimmung wird durch schwaches Glühen von ca. 2 g Soda im Platintiegel und Feststellen des dabei eintretenden Gewichtsverlustes durchgeführt. Etwa enthaltenes Bicarbonat wird dabei zersetzt, ebenso kann vorhandene freie Kieselsäure eine äquivalente Menge Kohlensäure austreiben. Infolge des hierdurch bewirkten, wohl ziemlich geringfügigen Fehlers wird auch empfohlen, das Trocknen bloss im Exsiccator über conc. Schwefelsäure vorzunehmen.

Frische Soda soll nicht mehr als $\frac{1}{4}$—$\frac{1}{2}$ Proc., und bei guter Verpackung auch nach einiger Zeit nicht viel über 1 Proc. Feuchtigkeit enthalten. Beim Lagern an feuchter Luft kann sich aber der Feuchtigkeitsgehalt bis zu 10 Proc. steigern.

Zusammenstellung der Analysen-Resultate.

Werden die unlöslichen Bestandtheile nur soweit, wie früher angegeben ermittelt, so stellt sich die Berechnung ziemlich einfach. Die dem Aetznatron, Schwefelnatrium, schwefligsauren Natron, dopp. kohlensauren Natron, dann kieselsauren Natron ($Na_2\,Si\,O_3$) und Thonerdenatron ($Na_2\,Al_2\,O_4$) entsprechenden Natronmengen werden auf kohlensaures Natron umgerechnet, und die Summe von dem nach a) erhaltenen Resultate in Abrechnung gebracht; man erhält so den wahren Gehalt an kohlensaurem Natron. Dieser könnte auch durch directe Bestimmung der Kohlensäure und Umrechnung derselben auf kohlensaures Natron ermittelt werden, was manchmal vorgezogen wird.

Der Gehalt einer Soda wird nach Graden angegeben. Deutsche Grade drücken den Gehalt in kohlensaurem Natron, französische oder Gay-Lussac-Grade in Natriumoxyd aus. Descroizilles-Grade geben an, wieviel Gewichtstheile Schwefelsäurehydrat (H_2SO_4) von 100 Theilen Soda neutralisirt werden. Diese Grade verhalten sich zu einander wie folgt: 53,04 deutsche Grade sind gleich 31,04 Gay-Lussac- oder 49 Descroizilles-Graden.

9. Thonerdenatron.

Dasselbe enthält neben seinen beiden Hauptbestandtheilen meist noch geringe Mengen von in Wasser Unlöslichem, Kieselsäure und Spuren von Eisen, welche in bekannter Weise bestimmt werden.

Die Bestimmung von Natron und Thonerde wird nach der Methode von Lunge titrimetrisch durchgeführt. Die Methode gründet sich auf folgende Processe:

Wird zu einer Lösung von Natriumaluminat Salzsäure gesetzt, so findet zunächst Neutralisation des Natrons statt, und Thonerde beginnt sich abzuscheiden. Dies wird durch den folgenden Process erklärt:

$$Na_2O\,Al_2O_3 + 2\,HCl + 2\,H_2O = 2\,Na\,Cl + Al_2\,(OH)_6.$$

Wurde der Lösung Phenolphtaleïn zugesetzt, so tritt, sobald alles Natron neutralisirt ist, Entfärbung ein. Der Verbrauch an Salzsäure gibt daher ein Maass für den Gehalt an Natron, u. zw. entsprechen 2 Molecüle Salzsäure 1 Molecül Natriumoxyd, oder bei Anwendung von $\frac{1}{2}$ Normal-Salzsäure entspricht 1 ccm derselben 0,0155 g Na_2O.

Fährt man nun mit dem Zusatz von Salzsäure fort und gibt gleichzeitig als Indicator etwas Methylorange-Lösung zu, so wird eine bleibende Röthung erst dann eintreten, wenn sämmtliche Thonerde wieder in Lösung gegangen ist. Dabei werden nach der Gleichung:

$$Al_2\,(OH)_6 + 6\,H\,Cl = Al_2\,Cl_6 + 3\,H_2O$$

auf 1 Molecül Aluminiumoxyd 6 Molecüle Salzsäure verbraucht. Es entspricht mithin 1 ccm $\frac{1}{2}$ Normal-Salzsäure 0,0085 g Al_2O_3

Zur Durchführung werden ca. 0,5 g Natriumaluminat in heissem Wasser gelöst und unter Zusatz von Phenolphtaleïn mit $\frac{1}{2}$ Normal-Salzsäure bis zur Entfärbung titrirt. Der Salzsäure-Verbrauch wird notirt, 1—2 Tropfen Methylorange zugegeben und mit derselben Säure bis zur bleibenden Röthung zu Ende titrirt.

Die Berechnung des Gehaltes an Natriumoxyd und Aluminiumoxyd ist nach dem vorher Gesagten einleuchtend.

10. Weldonschlamm.

Die Untersuchung des Ausgangsmaterials der Chlorerzeugung, des Braunsteins, sowie die des Chlorkalks kann als bekannt vorausgesetzt werden. Hingegen sei die Untersuchung des Weldonschlammes nach dem Verfahren von Lunge näher angegeben. Man bestimmt in demselben den Gehalt an Mangandioxyd, den Gesammt-Mangangehalt und die „Basis“.

a) Mangandioxyd. Eine saure Eisenoxydulsalzlösung, enthaltend 100 g krystallisirten Eisenvitriol (oder die entsprechende Menge Eisendoppelsalz) und 100 ccm conc. reine Schwefelsäure im Liter wird mit einer $\frac{1}{2}$ Normal-Chamäleonlösung genau gestellt. Hierauf werden 25 ccm der Eisenlösung in ein Becherglas pipettirt, 10 ccm des in der Flasche gut umgeschüttelten Schlammes mittelst einer Pipette entnommen, letztere aussen abgespritzt, dann deren Inhalt in das Becherglas zur Eisenlösung einlaufen gelassen, und der innen haftende Schlamm mit der Spritzflasche nachgewaschen. Nachdem sich beim Umschwenken alles gelöst hat, wird mit ca. 100 ccm Wasser verdünnt, und mit Chamäleon titrirt. Ist die hierzu verbrauchte Menge Chamäleonlösung $= y$, die zur Titration von 25 ccm Eisenlösung nothwendige Anzahl ccm Chamäleon $= x$, so berechnet sich der Gehalt an Mangandioxyd pr. Liter zu:

$$2{,}175 \ (x - y).$$

b) Gesammtmangan. 10 ccm des Schlammes werden wie unter a) entnommen, mit starker Salzsäure bis zur Verjagung des Chlors gekocht, der Ueberschuss der Säure mit gefälltem kohlensaurem Kalk abgestumpft, conc. filtrirte Chlorkalklösung zugesetzt, einige Minuten gekocht, und die entstandene Rothfärbung durch tropfenweisen Zusatz von Alkohol entfernt. Alles Mangan wird als Dioxyd gefällt*). Dieses wird abfiltrirt und so lange ausgewaschen, bis im Waschwasser mit Jodkaliumstärkepapier keine Reaction mehr nachweisbar ist. Das Filter mit dem Nieder

---

*) Bei vollständiger Fällung darf sich das Filtrat mit Chlorkalklösung nicht mehr bräunen.

schlage wird in 25 ccm der sauren Eisenlösung gebracht, und falls sich nicht alles Dioxyd löst, noch weitere 25 ccm Eisenlösung zugegeben, mit 100 ccm Wasser verdünnt und mit Chamäleon zurücktitrirt. Die Berechnung erfolgt wie unter a), und wird dadurch der Gesammtmangangehalt in Form von Mangandioxyd ausgedrückt.

c) Basis. Man versteht darunter die im Schlamme enthaltenen Monoxyde etc., welche Salzsäure beanspruchen, aber kein Chlor abgeben.

25 ccm, bei sehr hoher Basis 50 ccm, Normal-Oxalsäurelösung werden auf ca. 100 ccm verdünnt, auf $60-80^0$ erwärmt, 10 ccm Manganschlamm unter den früher angegebenen Vorsichtsmassregeln zugegeben und geschüttelt, bis der Niederschlag rein weiss, nicht mehr gelblich erscheint, was bei obiger Temperatur sehr bald eintritt. Man verdünnt nun auf 202 ccm (die 2 ccm entsprechen dem Volumen des Niederschlags und werden am 200 ccm Kolben markirt) und titrirt 100 ccm des Filtrats mit Natronlauge, unter Anwendung von Phenolphtaleïn als Indicator zurück. Die verbrauchten ccm Normalnatronlauge seien $= z$, mithin für die ganze ursprüngliche Menge $= 2\,z$.

Die Oxalsäure dient 1. zur Umsetzung mit Mangandioxyd in Manganoxydul und Kohlensäure, 2. zur Bindung des entstandenen Manganoxyduls, 3. zur Sättigung der ursprünglich vorhandenen Monoxyde, incl. Manganoxydul, 4. verbleibt ein Rest $= 2\,z$. Die für 1 und 2 verbrauchten Mengen Oxalsäurelösung sind einander gleich, und beide zusammen gleich der nach a) erhaltenen Grösse $x-y$, da die Oxalsäure normal, die Chamäleonlösung aber nur halbnormal ist. Der Werth für 3 entspricht der ursprünglich angewendeten Oxalsäuremenge, vermindert um die für 1 und 2 verbrauchte Menge $x-y$ und den Rest $2\,z$, ist also gleich: $25 - x + y - 2\,z$ respect. $50 - x + y - 2\,z$.

Unter „Basis" versteht man nun das Verhältniss des Werthes für 3 zu dem für a), letzterer ausgedrückt durch $\dfrac{x-y}{2}$ (weil die Lauge normal, das Permanganat $^1/_2$ normal ist.

Sie ist also bei Anwendung von 25 ccm Oxalsäure $=$

$$\frac{25 - x + y - 2\,z}{\dfrac{x-y}{2}} = \frac{50 - 2\,x + 2\,y - 4\,z}{x-y} = \frac{50 - 4\,z}{x-y} - 2$$

und bei Anwendung von 50 ccm Oxalsäure $= \dfrac{100 - 4\,z}{x-y} - 2.$

11. Kesselspeisewasser.

Die Gesammtanalyse eines Wassers für technische Zwecke umfasst folgende Bestimmungen: Gesammt-Rückstand, Kieselsäure, Eisenoxyd, Aluminiumoxyd, Calciumoxyd, Magnesiumoxyd, Alkalien, Chlor, Schwefelsäure, Kohlensäure, Salpetersäure. Ausserdem kann noch qualitativ auf salpetrige Säure und Ammoniak geprüft werden. Wenn nöthig ist das Wasser vor der Untersuchung durch ein trockenes Filter zu filtriren.

a) Gesammtrückstand. 500—1000 ccm des Wassers werden in einer gewogenen Platinschale am Wasserbade eingedampft, und der Rückstand bei 160 — 180° bis zum annähernd constanten Gewicht getrocknet. Es sei jedoch bemerkt, dass die Bestimmung in Folge der leichten Zersetzbarkeit der Magnesiasalze, insbesondere des Magnesiumchlorids einerseits, und der schwierigen vollkommenen Entfernung des Krystallwassers des Gypses und Chlorcalciums andererseits, keine völlig übereinstimmenden Resultate liefert.

b) Kieselsäure, Eisenoxyd, Aluminiumoxyd, Kalk, Magnesia. 1 Liter (eventuell auch mehr) wird unter Zusatz von etwas Salzsäure in einer Porzellanschale abgedampft, Kieselsäure abgeschieden, dann etwas Salmiaklösung zugesetzt, Eisenoxyd und Thonerde mit Ammoniak gefällt, die Fällung, bei Gegenwart von viel Magnesia, nach dem Lösen des erst erhaltenen Niederschlags in Salzsäure, wiederholt, und beide Bestandtheile gemeinsam geglüht und gewogen.

Im Filtrate erfolgt die Fällung des Kalkes mit Ammoniumoxalat; der Niederschlag wird zunächst vorsichtig im bedeckten Platintiegel erhitzt, bis sich kein Kohlenoxydgas mehr entwickelt, dann weiter am Gebläse bis zum constanten Gewicht geglüht und als Calciumoxyd gewogen. Im Filtrate erfolgt dann die Fällung der Magnesia mit phosphorsaurem Natron in bekannter Weise.

c) Alkalien. Dieselben werden indirect bestimmt, indem man zunächst aus dem Gesammtrückstand den Sulfatrückstand ermittelt. Zu diesem Zweck wird der Gesammtrückstand in der Platinschale schwach geglüht, dann, unter Bedeckung mit einem Uhrglas in verdünnter Salzsäure gelöst, mit 10—12 Tropfen concentrirter Schwefelsäure eingedampft, die Schwefelsäure abgeraucht, geglüht und gewogen.

Werden nun der früher bestimmte Kalk und die Magnesia auf Sulfate umgerechnet, zu diesen die Mengen von Kieselsäure, Eisenoxyd und Thonerde addirt, und die Summe vom Sulfatrückstand subtrahirt, so hinterbleibt die vorhandene Menge von Alkalisulfat, die man als Natriumsulfat annimmt und auf Natriumoxyd umrechnet.

d) Chlor. Dem Ergebniss einer qualitativen Prüfung entsprechend werden $1/4$—1 Liter, eventuell nach vorangegangener Concentration, mit Salpetersäure angesäuert und mit Silbernitratlösung in bekannter Weise gefällt.

e) Schwefelsäure. Es werden $1/4$ — 1 Liter des Wassers mit Salzsäure angesäuert, wenn nöthig concentrirt, und die Fällung mit Chlorbaryum wie üblich durchgeführt.

f) Kohlensäure. Der Gehalt an gebundener Kohlensäure wird ermittelt indem man $1/2$—1 Liter mit etwas Methylorangelösung versetzt und mit $1/10$ Normal-Salzsäure auf Rothfärbung titrirt. Man berechnet auf normale Carbonate, daher sind $2\,HCl = 1\,CO_2$. Die Bestimmung der freien Kohlensäure kann bei technischen Analysen entfallen.

g) Salpetersäure. Qualitativ wird am besten mittelst der Diphenylaminreaction geprüft. (Siehe Schwefelsäure.) Zur quantitativen Bestimmung eignet sich die Methode von Schulze-Tiemann, wobei die Salpetersäure mittelst Eisenchlorürlösung und Salzsäure zu Stickoxyd reducirt, und dieses volumetrisch gemessen wird. Die Details der Durchführung können als bekannt vorausgesetzt werden*). Von dem zu prüfenden Wasser wird $1/4$—1 Liter verwendet und auf ca. 50 ccm concentrirt.

Die qualitative Prüfung auf salpetrige Säure, die nur in sehr geringer Menge vorhanden sein kann, wird zweckmässig mittelst der Gries'schen Reaction durchgeführt. Hierzu wird eine kleine Menge des Wassers in einer Eprouvette mit etwas Sulfanilsäurelösung (0,5 g in 150 ccm verdünnter Essigsäure) versetzt auf ca. 80° erwärmt, und eine Lösung von α-Naphtylamin (0,05 g in 150 ccm verdünnter Essigsäure) zugegeben. Bei Gegenwart von

---

*) Siehe auch Fresenius, quant. Analyse Bd. II, S. 155.

salpetriger Säure tritt sofort oder nach einigen Minuten Rothfärbung ein.

Zur qualitativen Prüfung auf Ammoniak werden 100 ccm mit ca. 5 ccm Nessler'schem Reagens*) versetzt und von oben durch die Flüssigkeit gesehen. Ammoniak bewirkt eine Farbenänderung in gelb. War das Wasser sehr hart oder eisenhaltig, so thut man gut, erst mit etwas reiner Lauge zu fällen und das Filtrat zur Prüfung zu verwenden.

Zusammenstellung der Analyse. Chlor bindet man zunächst an Natrium, einen etwaigen Rest an Calcium. Schwefelsäure bindet man zunächst an Kalk, Salpetersäure zunächst an Ammon, einen etwaigen Rest erst an Natron, wenn dieses vom Chlor nicht ganz beansprucht wird, sonst an Magnesia. Den Rest des Kalkes und der Magnesia bindet man an Kohlensäure, in Form einfach kohlensaurer Salze. Kieselsäure wird ungebunden angegeben.

Abgekürzte Verfahren.

Häufig will man die Durchführung einer chemischen Gesammtanalyse umgehen und wendet abgekürzte Verfahren an, welche einen mehr oder weniger vollkommenen Einblick in die Zusammensetzung eines Wassers gestatten.

Als solche abgekürzte Methoden seien hier die Methode nach Kalmann und die directe Härtebestimmung nach Clark beschrieben.

Die Methode von Kalmann beschränkt sich auf folgende drei Bestimmungen:

a) gebundene Kohlensäure. Sie wird nach dem unter f) bei der Gesammtanalyse beschriebenen Verfahren ermittelt;

b) Kalk. Man bestimmt diesen durch directe Fällung einer gemessenen Menge des Wassers mit oxalsaurem Ammon. Eine

---

*) Zur Herstellung desselben werden 50 g Jodkalium in 50 ccm heissem Wasser gelöst und von einer heissen, conc. Quecksilberchloridlösung so lange zugegeben, bis der entstehende Niederschlag von Quecksilberjodid sich nicht mehr löst. Man filtrirt ab, fügt 150 g Aetzkali in conc. Lösung zu, füllt auf 1 Liter mit Wasser an, setzt noch ca. 5 ccm Quecksilberchloridlösung zu, lässt absitzen und giesst das Klare ab.

Trennung der Kieselsäure, des Eisenoxydes und der Thonerde ist nicht erforderlich.

c) **Magnesia** wird im Filtrat von b durch Fällung mit phosphorsaurem Natron wie gewöhnlich bestimmt.

Sämmtliche Resultate werden auf 1 Liter Wasser umgerechnet. Auf Grund dieser Bestimmungen kann die Berechnung der Präparirung des Wassers für technische Zwecke durchgeführt werden. Dieselbe wird später genauer besprochen.

Härtebestimmung nach Clark. Die Härte eines Wassers wird durch dessen Gehalt an **Kalk- und Magnesiasalzen** bedingt. Sie zerfällt in die **temporäre Härte**, die durch den Gehalt an Bicarbonaten des Kalkes und der Magnesia verursacht wird und beim Kochen des Wassers in Folge Ausscheidung der unlöslichen Monocarbonate verschwindet, und in die **permanente Härte**, welche von allen übrigen Kalk- und Magnesiasalzen herrührt. Temporäre (auch vorübergehende) und permanente (bleibende) Härte geben die **Gesammthärte** des Wassers.

Man drückt die Härte eines Wassers in Graden aus und unterscheidet zwischen deutschen, französischen und englischen Härtegraden. Die **deutschen Härtegrade** bezeichnen die Anzahl der Milligramme Calciumoxyd, welche in 100 ccm des Wassers enthalten sind. Der Gehalt an Magnesiumoxyd wird dabei in Form der äquivalenten Menge Calciumoxyd in Rechnung gebracht. Die **französischen Härtegrade** geben die äquivalenten Mengen von kohlensaurem Kalk an, während die **englischen Härtegrade** die Milligramme kohlensauren Kalk ausdrücken, die in 70 Theilen Wasser enthalten sind. Deutsche, französische und englische Härtegrade stehen im Verhältniss von 0,56 : 1 : 0,70. In der Folge ist stets auf deutsche Härtegrade bezogen.

Die Methode von **Clark** beruht darauf, dass Seifenlösung alle Kalk- und Magnesiasalze in Form unlöslicher Seifen niederschlägt. Ein geringer Ueberschuss von Seife macht sich dadurch erkenntlich, dass die Flüssigkeit beim Umschütteln einen bleibenden Schaum bildet.

Bereitung der Normalseifenlösung. 10 g feingeschnittene Marseillerseife werden in 1 Lit. 95 proc. Alkohol gelöst, eventuell filtrirt und je 200 g der Lösung mit einem Gemische von 150 ccm Wasser und 130 g desselben Alkohols verdünnt. Die so erhaltene Seifenlösung wird nun derart gestellt, dass 45 ccm derselben 12 Härtegraden entsprechen.

Zur Stellung bereitet man sich ein Normalhärtewasser, welches in 100 ccm 12 mg Calciumoxyd oder eine äquivalente Menge Baryumoxyd enthält. Ein solches kann durch Auflösen von 0,3686 g Marienglas ($CaSO_4 + 2H_2O$) oder 0,523 g reinem, krystallisirtem Chlorbaryum in 1 Liter destill. Wasser erhalten werden. Von diesem Härtewasser werden nun 100 ccm in eine ca. 200 ccm fassende Stöpselflasche gebracht, und so lange aus einer Bürette Seifenlösung zufliessen gelassen, bis eben ein wenigstens 5 Minuten anhaltender, dichter Schaum an der Flüssigkeitsoberfläche nach dem Schütteln entstanden ist. Sollten, wie wahrscheinlich, weniger als 45 ccm der Seifenlösung verbraucht worden sein, so berechnet man aus dem Ergebniss der Titration, mit welcher Menge des Alkoholwassergemisches die Seifenlösung zu verdünnen ist, damit die gewünschte Stärke derselben erreicht wird. Nach vollzogener Verdünnung wird nun ein zweiter Titrirversuch vorgenommen. Ergibt auch dieser kein gewünschtes Resultat, so geht man nochmals in gleicher Weise vor.

Durchführung der Härtebestimmung. Zu jeder Bestimmung müssen 100 ccm Wasser verwendet werden. Da aber die Seifenlösung nur für Wasser bis 12° Härte verwendbar ist, auch der Endpunkt der Reaction bei weniger hartem Wasser sich deutlicher erkennen lässt, nimmt man von härteren Wässern nur 50 ccm oder noch weniger und verdünnt mit destill. Wasser auf 100. Man bringt wie früher in eine Stöpselflasche, lässt aus der Bürette Seifenlösung zu und schüttelt durch. Statt des früher angegebenen Kennzeichens für den Endpunkt der Reaction empfiehlt Kalmann, auf die Beschaffenheit des Schaumes und den beim Schütteln wahrnehmbaren Klang zu achten. Der Schaum soll ruhig sein, d. h. die Blasen nach erfolgtem Schütteln nicht gleich zu platzen beginnen, der Klang sei dumpf, nicht so hell wie wenn Wasser an Glas anschlägt.

Häufig kommt es vor, dass nach erfolgter Absättigung des Kalkes durch die Fettsäuren der Seife der Schaum ruhig erscheint, und der Klang dumpf ist. Man lese dann ab und setze weiter Seifenlösung zu; war das Ende bereits erreicht, so ändert sich auch dann nichts mehr. War aber die Magnesiahärte noch nicht abgesättigt, so wird der Schaum wieder unruhig, der Klang hell und muss alsdann weiter bis zu Ende titrirt werden. Die Erscheinung ist bisweilen so charakteristisch, dass sie die Durchführung einer annähernden, quantitativen Bestimmung von Kalk und Magnesia gestattet.

Da das Verhältniss zwischen dem Verbrauch an Seifenlösung und der Härte kein ganz constantes ist, muss nebenstehende Tabelle benutzt werden. Die gefundene Härte ist auf 100 ccm des ursprünglichen Wassers umzurechnen.

Die Methode von Clark gibt die Gesammthärte des Wassers. Soll auch die vorübergehende Härte ermittelt werden, so wird $1/_2$—1 Liter des Wassers unter Zusatz von Methylorange mit $1/_{10}$ Normal-Salzsäure bis zur Rothfärbung titrirt und der Salzsäureverbrauch auf Kalk umgerechnet. Die auf 100 ccm des Wassers entfallende Kalkmenge entspricht der vorübergehenden Härte. Die bleibende Härte ergibt sich aus der Differenz.

Tabelle für deutsche Härtegrade*).

ccm Seifen-Lösung	Härte	ccm Seifen-Lösung	Härte	ccm Seifen-Lösung	Härte	ccm Seifen-Lösung	Härte	ccm Seifen-Lösung	Härte
1·8	0·1	11·3	2·5	20·4	4·9	29·1	7·3	37·4	9·7
2·2	0·2	11·7	2·6	20·8	5·0	29·5	7·4	37·8	9·8
2·6	0·3	12·1	2·7	21·2	5·1	29·8	7·5	38·1	9·9
3·0	0·4	12·4	2·8	21·6	5·2	30·2	7·6	38·4	10·0
3·4	0·5	12·8	2·9	21·9	5·3	30·6	7·7	38·8	10·1
3·8	0·6	13·2	3·0	22·3	5·4	30·9	7·8	39·1	10·2
4·2	0·7	13·6	3·1	22·6	5·5	31·3	7·9	39·5	10·3
4·6	0·8	14·0	3·2	23·0	5·6	31·6	8·0	39·8	10·4
5·0	0·9	14·3	3·3	23·3	5·7	32·0	8·1	40·1	10·5
5·4	1·0	14·7	3·4	23·7	5·8	32·3	8·2	40·5	10·6
5·8	1·1	15·1	3·5	24·0	5·9	32·7	8·3	40·8	10·7
6·2	1·2	15·5	3·6	24·4	6·0	33·0	8·4	41·2	10·8
6·6	1·3	15·9	3·7	24·8	6·1	33·3	8·5	41·5	10·9
7·0	1·4	16·2	3·8	25·1	6·2	33·7	8·6	41·8	11·0
7·4	1·5	16·6	3·9	25·5	6·3	34·0	8·7	42·2	11·1
7·8	1·6	17·0	4·0	25·8	6·4	34·4	8·8	42·5	11·2
8·2	1·7	17·4	4·1	26·2	6·5	34·7	8·9	42·8	11·3
8·6	1·8	17·7	4·2	26·6	6·6	35·0	9·0	43·1	11·4
9·0	1·9	18·1	4·3	26·9	6·7	35·4	9·1	43·4	11·5
9·4	2·0	18·5	4·4	27·3	6·8	35·7	9·2	43·8	11·6
9·8	2·1	18·9	4·5	27·6	6·9	36·1	9·3	44·1	11·7
10·2	2·2	19·3	4·6	28·0	7·0	36·4	9·4	44·4	11·8
10·6	2·3	19·7	4 7	28·4	7·1	36·7	9·5	44·7	11·9
11·0	2·4	20·0	4·8	28·8	7·2	37·1	9·6	45·0	11·0

*) Kalmann's kurzer Anleitung zur chem. Untersuchung etc. entnommen.

Präparirung des Wassers für technische Zwecke.

Dieselbe bezweckt die Fällung der im Wasser enthaltenen, Härte gebenden Bestandtheile. Von den verschiedenen hiezu vorgeschlagenen Verfahren sei hier nur das sehr gebräuchliche von Stingl und Bérenger näher beschrieben.

Nach diesem Verfahren erfolgt die Fällung:

1. der im Wasser enthaltenen **Bicarbonate des Kalks** mittelst Aetzkalk oder Aetznatron, und zwar sind auf 1 Mol. Calciumbicarbonat auch 1 Mol. Aetzkalk oder 2 Mol. Aetznatron erforderlich, nach den Gleichungen:

$$Ca\,H_2\,(CO_3)_2 + Ca\,(OH)_2 = 2\,Ca\,CO_3 + 2\,H_2\,O \quad \text{und}$$
$$Ca\,H_2\,(CO_3)_2 + 2\,Na\,OH = Ca\,CO_3 + Na_2\,CO_3 + 2\,H_2\,O$$

2. der **Bicarbonate der Magnesia** mit den gleichen Fällungsmitteln, von denen jedoch wegen der nicht vollkommenen Unlöslichkeit des normalen Magnesiumcarbonats die doppelten Mengen genommen werden müssen, um die Fällung als Magnesiumhydroxyd zu bewirken.

$$Mg\,H_2\,(CO_3)_2 + 2\,Ca\,(OH)_2 = 2\,Ca\,CO_3 + Mg\,(OH)_2 + 2\,H_2\,O \quad \text{und}$$
$$Mg\,H_2\,(CO_3)_2 + 4\,Na\,OH = 2\,Na_2\,CO_3 + Mg\,(OH)_2 + 2\,H_2\,O$$

3. aller übrigen **Kalksalze** mit kohlensaurem Natron, von welchem auf 1 Mol. Kalk auch 1 Mol. erforderlich ist:

$$Ca\,Cl_2 + Na_2\,CO_3 = Ca\,CO_3 + 2\,Na\,Cl$$

4. aller übrigen **Magnesiasalze** mit Aetznatron. Auf 1 Mol. Mg O werden 2 Mol. Na OH gebraucht:

$$Mg\,Cl_2 + 2\,Na\,OH = Mg\,(OH)_2 + 2\,Na\,Cl.$$

Wie aus den Gleichungen 1 und 2 ersichtlich, wird im Falle der Anwendung von Aetznatron zur Fällung der Bicarbonate eine äquivalente Menge von kohlensaurem Natron im Wasser gebildet, durch welche ein Theil, eventuell auch sämmtliche Kalksalze gefällt werden können. Hieraus würden sich folgende drei Fälle für die Präparirung mit den genannten Fällungsmitteln ergeben:

a) Die gebildete Sodamenge ist grösser, als jene, die zur Fällung der Kalksalze (nach 3) nothwendig wäre. Man ersetzt dann, um die Bildung von überschüssigem kohlensaurem Natron zu vermeiden, einen entsprechenden Theil des Aetznatrons durch Aetzkalk. Die Präparirung erfolgt demnach mit **Aetznatron** und **Aetzkalk**.

b) Die gebildete Sodamenge ist kleiner, als die zur Fällung der übrigen Kalksalze erforderliche. Die Reinigung erfolgt dann mit Aetznatron und Soda.

c) Die gebildete Sodamenge ist der zur Fällung der Kalksalze erforderlichen gleich. In diesem Falle wird zur Präparirung nur Aetznatron verwendet.

In jedem der drei Fälle kommt noch jene Aetznatronmenge hinzu, die zur Fällung der nicht als Bicarbonat vorhandenen Magnesia (nach 4) nothwendig ist.

Berechnung. Die nach dem abgekürzten Verfahren von Kalmann oder auf Grund der Gesammtanalyse gefundenen Werthe für den Gehalt an gebundener Kohlensäure, Gesammtkalk und Gesammtmagnesia werden auf die äquivalenten Mengen von Kalk umgerechnet. Die so erhaltenen Zahlen wären:

für die gebundene Kohlensäure α g Ca O
für den Gesammtkalk β g Ca O
für die Gesammtmagnesia und den Gesammtkalk (Gesammthärte) γ g Ca O

Man bildet nun die Differenz $2\alpha - \beta$. Ist diese positiv, so liegt der unter a) bezeichnete Fall vor. Zur Reinigung kommen in Anwendung: $(2\alpha - \beta)$ Gewichtstheile Kalk (gelöst in der 800 fachen Wassermenge) und eine $(\gamma - \alpha)$ Gew.-Th. Kalk äquivalente Aetznatronmenge. Statt fertiges Aetznatron zu verwenden, kann man sich dasselbe aus Aetzkalk und Soda erzeugen und benöthigt dazu $(\gamma - \alpha)$ Gew.-Th. Kalk und die diesen äquivalente Sodamenge.

Ist die Differenz $2\alpha - \beta$ negativ, so liegt der Fall b) vor.

Zur Präparirung benöthigt man eine der Differenz $(\gamma - \alpha)$ g Kalk äquivalente Sodamenge, und $(\gamma + \alpha - \beta)$ g Kalk, durch welche ein Theil der Soda causticirt wird.

Ist endlich die Differenz $2\alpha - \beta = 0$, so hat man es mit dem Fall c zu thun. Zur Reinigung ist eine $(\gamma - \alpha)$ Gew.-Th. Kalk entsprechende Aetznatronmenge nothwendig, die man sich durch Causticirung der äquivalenten Sodamenge mit $(\gamma - \alpha)$ Gew.-Th. Kalk (wie unter Fall a) herstellen kann*).

---

*) Die Ableitung dieser von Kalmann bearbeiteten Berechnungsmethode findet sich in den Mittheilungen des k. k. technolog. Gewerbe-Museums. 1890.

12. Kohle.

Die zu beschreibenden Methoden sind für jede Art von Kohle wie Steinkohle, Braunkohle, Lignit etc. giltig.

In der Regel wird in der Kohle durchgeführt: eine Bestimmung des Wassers, der Asche, des Schwefels und die Elementaranalyse. Ueberdies wird auch nicht selten der Gehalt an Stickstoff nnd Phosphor sowie die Koksausbeute ermittelt.

a) Wasser. Die genaue Bestimmung des Wassergehaltes der Kohlen gestaltet sich nicht ganz einfach. Die Kohle darf nur grob gepulvert, etwa erbsengross sein, da sie während des Pulverns stark an Feuchtigkeit verliert. Bei sehr anhaltendem Trocknen besitzt — insbesondere Steinkohle — die Eigenschaft, Sauerstoff aufzunehmen, mithin an Gewicht zuzunehmen.

Es empfiehlt sich, etwa 20—50 g der Kohle in einem recht gut schliessenden Wägefläschchen bei abgenommenem Deckel im Dampftrockenschrank zu erhitzen und von Stunde zu Stunde zu wägen, bis keine Gewichtsabnahme mehr stattfindet. Sollte die letzte Wägung bereits eine Gewichtserhöhung zeigen, so wird das vorhergegangene Resultat verwendet.

b) Asche. Die Veraschung wird am besten im Muffelofen vorgenommen, wo sie in der Regel nach ca. 1 Stunde beendet ist. Steht ein solcher nicht zur Verfügung, so bringt man die feingepulverte Kohle in der Menge von ca. 1 g in eine kleine Platinschale, die (etwa mit dem Deckel eines grossen Platintiegels) bedeckt wird. Man erhitzt nun anfangs, um ein Zusammenbacken zu vermeiden, mit kleiner Flamme. Später entfernt man den Deckel, legt die Schale geneigt auf das Dreieck, bringt den Deckel ebenfalls geneigt über die Schale und erhitzt nun recht anhaltend mit gewöhnlicher Flamme zum Glühen. Erscheint die Asche gleichmässig, was nach 2—3 Stunden meist der Fall ist, so wird gewogen. Dann befeuchtet man mit einigen Tropfen Weingeist, wobei etwa unverbrannte Kohlentheilchen obenauf schwimmen und dadurch leicht erkenntlich sind. Der Weingeist wird abgebrannt und dann neuerdings gewogen; eventuell wird dies noch ein zweites Mal wiederholt.

Lunge empfiehlt einen Platintiegel zu verwenden und ihn in die runde Oeffnung einer schief stehenden Asbestplatte zu stecken. Es wird nur der unten hervorragende Theil des Tiegels erhitzt; die zur Oxydation erforderliche Luft mischt sich dann nicht mit den Flammengasen und wirkt daher energischer.

c) Schwefel. Der Schwefel findet sich in Kohlen als Sulfürschwefel (zumeist Schwefeleisen), Sulfatschwefel (Calciumsulfat) und als Schwefel der organischen Substanz. Gewöhnlich werden bestimmt: der Gesammtschwefel und der Schwefel der Metallsulfüre + Sulfate. Zuweilen wird auch eine getrennte Bestimmung des Sulfatschwefels vorgenommen.

Gesammtschwefel nach Eschka. Ca. 1 g der fein gepulverten Kohle wird mit 1,5—2 g eines innigen Gemisches von 2 Th. gebrannter, reiner Magnesia und 1 Th. wasserfreiem Natriumcarbonat im geräumigen Platintiegel mittelst eines dicken Platindrahtes oder dünnen Glasstäbchens gemengt. Man stellt hierauf den Tiegel geneigt auf ein Dreieck oder in eine durchlochte Asbestplatte und erhitzt ohne Deckel so, dass nur die untere Hälfte ins Glühen gelangt. Unter öfterem Umrühren mit dem Platindraht wird das Erhitzen etwa 1 Stunde fortgesetzt. Die anfangs graue Farbe muss dann in eine gleichmässig hellgelbe, hellröthliche oder bräunliche übergegangen sein. Nun wird der Tiegelinhalt mit heissem Wasser übergossen, in ein Becherglas gespült, nochmals gut ausgekocht und zur Oxydation etwa noch vorhandener Sulfide Bromwasser bis zur schwach gelblichen Färbung zugegeben. Man erwärmt etwas, filtrirt, säuert das Filtrat mit Salzsäure an, kocht die nun tief dunkelbraun gefärbte Flüssigkeit unter dem Abzuge bis zur Farblosigkeit und fällt die klare Lösung mit Chlorbaryum.

Von dem Magnesia-Sodagemisch bereitet man sich zweckmässig gleich eine grössere Quantität. Sollte selbes nicht vollkommen schwefelsäurefrei sein, so macht man in einer grösseren Menge eine Schwefelsäurebestimmung, und bringt den entsprechenden Antheil vom Gesammtschwefel in Abzug.

Schwefel der Sulfüre und Sulfate. Nach dem Verfahren von Drown wird zur Oxydation eine gesättigte Lösung von Brom in Natronlauge vom sp. G. 1,25 verwendet, der man noch so viel Natron zugibt, dass sie kein freies Brom mehr abgibt. Mit 10 ccm dieser Flüssigkeit wird ca. 1 g der sehr fein pulverisirten Substanz befeuchtet, erhitzt und das Ganze dann mit Salzsäure eben angesäuert. In Zeiträumen von ungefähr 10 Minuten gibt man noch zweimal je 20 ccm der Bromlösung hinzu und säuert dazwischen jedesmal wieder mit Salzsäure an. Die Flüssigkeit ist dabei heiss zu halten. Nach dem letzten Ansäuern wird zur Trockene verdunstet, im Luftbade bei 110—115⁰ zur Ueberführung der Kieselsäure in den unlöslichen Zustand getrocknet, mit Salzsäure aufgenommen, und das Filtrat mit Chlorbaryum gefällt. Das Verfahren empfiehlt sich insbesondere für Steinkohle.

Sulfatschwefel. Eine grössere Menge der Kohle wird zunächst verascht, und eine gewogene Quantität der Asche (etwa 2 bis 3 g) mit heissem Wasser ausgezogen. Der wässerige Auszug wird zur Oxydation von etwa gebildetem Schwefelcalcium mit etwas Wasserstoffsuperoxyd oder einigen Tropfen Brom gekocht, dann mit Salzsäure angesäuert und mit Chlorbaryum gefällt.

d) Elementaranalyse. Die Durchführung derselben muss im Allgemeinen als bekannt vorausgesetzt werden, doch sollen einige, insbesondere von Böckmann und auch den Verfassern gemachte, specielle Wahrnehmungen angeführt werden.

Während die Wasserstoffbestimmungen meist mit Leichtigkeit sehr genau durchgeführt werden können, finden sich bei der Bestimmung des Kohlenstoffs auch bei sorgsamster Arbeit leicht Differenzen von $\frac{1}{2}$ ja selbst $\frac{3}{4}$ Proc. bei der Durchführung von Parallelbestimmungen. Der Grund liegt in der schon früher erwähnten Eigenschaft der Kohle, leicht zusammenzubacken. Um dies möglichst zu vermeiden, ist es empfehlenswerth, den ersten Theil der Verbrennung möglichst langsam zu leiten, was durch anfängliches Arbeiten im Luftstrom (nicht gleich im Sauerstoffstrom) und nur mässiges Erhitzen der der Substanz naheliegenden Theile der Röhre bewirkt werden kann. Auch soll es zweckmässig sein die Substanz nicht allzu fein zu pulvern, damit nicht gleich anfangs eine zu stürmische Einwirkung stattfindet. Die Beendigung des ersten Theiles der Verbrennung, der als Verkokung bezeichnet werden kann, lässt sich so leicht beobachten. Es wird dann weiter bei stärkerem Erhitzen im Sauerstoffstrom gearbeitet, und derselbe so geregelt, dass etwa 20 Blasen in 10 Secunden durch die Waschflasche streichen.

Die Füllung des Verbrennungsrohres erfolgt wie gewöhnlich. Die Anwendung langer, oxydirter Kupferdrahtnetze in Form von Spiralen an Stelle von gekörntem Kupferoxyd hat sich aus mehreren Gründen recht zweckmässig erwiesen. Das Vorlegen eines Silberbleches oder einer blanken Kupferspirale kann bei dem geringen

Gehalte an Chlor und Stickstoff ruhig unterbleiben. Hingegen soll die Anwendung einer die Verbrennungsproducte des Schwefels aufnehmenden Substanz nicht unterbleiben. Bei Abwesenheit einer solchen können schweflige Säure und Schwefelsäure leicht in die Absorptionsapparate gelangen und dieselben verunreinigen und beschweren. Nach Fischer soll es genügen, wenn der vordere Theil der Kupferoxydschichte nur zur schwachen Rothgluth erhitzt wird, mithin das Kupferoxyd selbst die Verbrennungsproducte des Schwefels zurückhält. Empfehlenswerther erscheint es immerhin, das Verbrennungsrohr ca. 28 cm aus dem Ofen ragen zu lassen und diesen Theil mit trockenem, grobkörnigem Bleisuperoxyd zu füllen. Derselbe liegt während der Verbrennung in einem mit Thermometer versehenen Blechkasten, welcher auf 180° erhitzt wird.

Noch sei erwähnt, dass man die Substanz zweckmässig im lufttrockenen Zustand verwendet und gleichzeitig eine Wasserbestimmung durchführt. Der dem Wasser entsprechende Wasserstoffgehalt wird dann von dem gefundenen Gesammtwasserstoff in Abrechnung gebracht.

e) Stickstoff. Die Bestimmung erfolgt nach dem unter dem Kapitel „Düngemittel" genau beschriebenen Verfahren von Kjeldahl. Zur Untersuchung werden 0,8—1 g der sehr fein gepulverten Kohle verwendet.

f) Phosphor. Derselbe wird stets in der Asche, nicht im ursprünglichen Brennmaterial ermittelt. 1—2 g der am besten durch Glühen in der Muffel erhaltenen Asche werden in einer Porzellanschale durch längere Zeit mit starker Salzsäure auf dem Wasserbade digerirt, wobei nach Muck die Phosphorsäure stets quantitativ in Lösung geht. Man verdampft dann zur Trockene, befeuchtet den Rückstand mit Salzsäure, nimmt mit 100—150 ccm Wasser auf, erwärmt am Wasserbade, filtrirt in eine zweite Porzellanschale und verdampft unter wiederholtem Zusatz von Salpetersäure bis nahe zur Trockene. Man nimmt mit salpetersäurehaltigem Wasser auf und fällt in einem Becherglas mit Molybdänlösung*). Die weitere Bestimmung erfolgt in bekannter und gleichfalls unter dem Kapitel „Düngemittel" noch näher beschriebener Weise.

---

*) Bereitung siehe unter V. „Düngemittel".

g) Koksausbeute. 1 g feingepulverte Kohle wird in einem Platintiegel mit glatten Wänden von 30—35 mm Höhe abgewogen, und der Tiegel derart auf ein dünnes Platin-Drahtdreieck gebracht, dass sein Boden 3 cm von der Mündung des Brenners entfernt ist. Es wird nun bei dicht aufgelegtem Deckel von Anfang an stark erhitzt. Der mit Schornstein versehene Bunsen-Brenner muss eine Flamme von wenigstens 18 cm Höhe haben. Man erhitzt so lange, bis zwischen Deckel und Tiegelwand eben keine hellleuchtende Flamme mehr sichtbar wird, was $1^{1}/_{2}$—2 Minuten dauert. Der russartige Beschlag am Tiegeldeckel wird mitgewogen. Bei genauem Arbeiten nach dieser Vorschrift erhält man Resultate, die untereinander auf 0,2—0,4 Proc. übereinstimmen.

Zusammenstellung der Analyse. Die Resultate der Analyse werden meist sowohl für lufttrockene als für getrocknete Kohle angegeben. Der Gehalt an Sauerstoff wird indirect ermittelt, indem man die Summe von Wasser-, Kohlenstoff-, Wasserstoff-, Schwefel-*), Stickstoff- und Aschengehalt bildet und diese von 100 subtrahirt. Berechnet man jene Menge Wasserstoff, welche von dem Sauerstoff unter Bildung von „chemisch-gebundenem Wasser" verbraucht wird (d. i. $^{1}/_{8}$ des Sauerstoffs), und zieht man diese (sowie eventuell die der Feuchtigkeit entsprechende) vom Gesammtwasserstoff ab, so hinterbleibt der „disponible Wasserstoff".

Absoluter Wärmeeffect. Zur Berechnung desselben dient die neuerdings von Schwackhöfer empfohlene Formel:

$$E = \frac{8000\,C + 29{,}000\,H + 2500\,S - 600\,W}{100}\ \text{Calorien,}$$

bei welcher die Zeichen C, H, S, W den Procentgehalt an Kohlenstoff, disponiblem Wasserstoff, Schwefel und Wasser (hygroskopisches + chemischgebundenes) bedeuten.

Wird der absolute Wärmeeffect (E) durch 637 dividirt, so erhält man den Verdampfungseffect, d. i. jene Gewichtsmenge Wasser von 0^{0}, die durch ein Kilogramm Kohle in Dampf von 100^{0} verwandelt werden kann.

------

*) unter Ausschluss des Sulfatschwefels.

13. Rauchgase.

Die Untersuchung der Rauchgase dient zur Controle der Feuerung. Man bestimmt in den Rauchgasen Kohlensäure, Sauerstoff, Kohlenoxydgas und Stickstoff, letzteren aus der Differenz.

Zur Bestimmung dient der Apparat von Orsat, dessen Einrichtung aus nebenstehender Zeichnung (Fig. 3) ersichtlich ist.

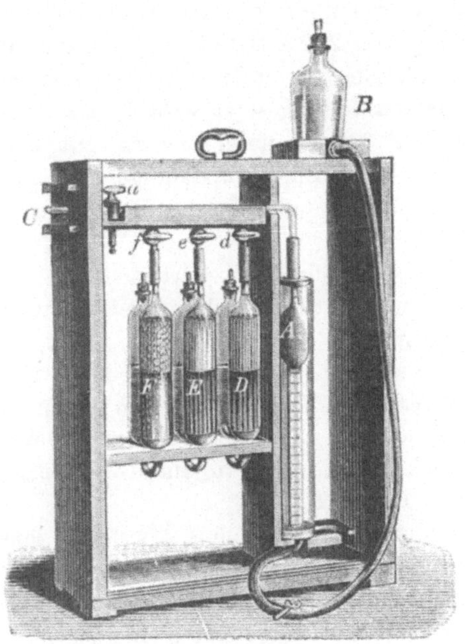

Fig. 3.
Orsat'scher Apparat.

Die Gasbürette A ist mit der mit Wasser gefüllten Niveauflasche B verbunden. Durch Heben von B wird A mit Wasser bis zur oberen Marke gefüllt, durch Senken von B Gas aus dem Eintrittsrohr C oder einem der Absorptionsgefässe D, E, F angesaugt, durch abermaliges Heben von B unter Oeffnung des betreffenden Hahnes das Gas nach D, E oder F überführt etc. Zur Herstellung der gewünschten Communicationen dienen die Hähne d, e, f und der Dreiweghahn a.

Die Absorptionsgefässe D, E und F enthalten zur Vermehrung der Absorptionsfläche eine grosse Anzahl enger Glasröhren. D dient zur Absorption der Kohlensäure und ist mit 110 ccm Kalilauge (sp. G. 1,20 — 1,8) gefüllt. E dient zur Sauerstoffabsorption und enthält Pyrogallussäure oder dünne Phosphorstängelchen unter Wasser. Es wird in letzterem Fall durch Umhüllung mit schwarzem Papier vor Licht geschützt. Zur Absorption von Kohlenoxydgas ist endlich das Gefäss F mit Kupferchlorürlösung gefüllt, die durch Schütteln von 200 g käuflichem Kupferchlorür mit einer Lösung von 250 g Salmiak in 750 ccm Wasser in einer verschlossenen Flasche, in welche später eine bis zum Boden reichende Kupferspirale eingesetzt wird, herzustellen ist. Vor dem Gebrauche werden 3 Vol. dieser Lösung mit 1 Vol. Ammoniak (sp. G. 0,905) versetzt. Eine vollständige Absorption erfolgt erst nach längerer Berührung und ist das Reagens auch öfters zu erneuern.

Die Absorptionsflüssigkeiten werden in die hinten liegenden Gefässe eingefüllt und erst beim Gebrauche in die vorderen gebracht. Dies erfolgt, indem man den Dreiweghahn a mit der äusseren Luft in Verbindnug setzt, d, e und f schliesst, durch Heben von B die Bürette A mit Wasser füllt, dann a gegen A abschliesst, B senkt und den Hahn d öffnet. Die Flüssigkeit wird dann aus dem hinteren Gefäss nach D gesaugt. In ähnlicher Weise verfährt man zur Füllung von E und F.

Man verbindet nun das Rohr C (welches zum Zurückhalten von Staub etc. mit einem mit Watte locker gefüllten U-Rohr versehen ist) mit jenem Raum, dem das zu untersuchende Gas entnommen werden soll und saugt bei geschlossenen Hähnen d, e und f, durch Senken von B soviel Gas in die Bürette, dass dessen Volumen eben bis an den Nullpunkt reicht*). Dann öffnet man den Hahn d, hebt die Flasche B und drängt so das in der Bürette enthaltene Gas nach D. Sobald das Wasser in der Bürette das obere Ende der Theilung nahezu erreicht hat, senkt man die Flasche wieder, und wiederholt dies rasch mehrmals, um das Gas

---

*) Zur vollständigen Entfernung der in den Röhren enthaltenen Luft wird das eingesaugte Gas durch Heben der Flasche B durch die seitliche Bohrung von a entfernt, neuerdings Gas eingesaugt und dieser Vorgang öfters wiederholt.

in genügende Berührung mit der Absorptionsflüssigkeit zu bringen. Schliesslich bringt man das Niveau des Wassers in der Flasche mit dem in der Bürette auf gleiche Höhe, schliesst den Hahn d und liest ab. Die Volumsabnahme gibt, da die Bürette in 100 ccm getheilt ist, den Volums-Procentgehalt an Kohlensäure. In derselben Weise bestimmt man weiter durch Absorption in E den Sauerstoff, in F das Kohlenoxydgas und findet den Stickstoff als Rest auf 100.

Für Gase, welche reich an Wasserstoff sind, wie Wassergas, wird statt des beschriebenen, der Orsat-Lunge'sche Apparat benutzt. Derselbe ist dem Orsat'schen Apparat ganz ähnlich, nur wird das von Kohlensäure, Sauerstoff und Kohlenoxyd befreite Gas in der Bürette mit einem gemessenen Quantum Luft gemengt und durch ein mit Platinasbest oder Palladiumasbest beschicktes Rohr, die „Verbrennungscapillare", geleitet. Durch Erhitzen des Rohres gelangt der Wasserstoff zur Verbrennung. Das rückständige Gasvolumen wird wieder in der Bürette gemessen, und $\frac{2}{3}$ der Volumsabnahme (2 Vol. Theile Wasserstoff vereinigen sich mit 1 Vol. Sauerstoff) als Wasserstoffgehalt berechnet.

II. Mörtel, Cement, Thon.

Die Rohmaterialien für die in diese Gruppe gehörigen Producte sind der Kalkstein, Mergel und Thon.

1. Kalkstein.

a) Feuchtigkeit. 3—5 g der Probe werden im Trockenschrank auf 110—120° bis zum constanten Gewicht erhitzt.

b) Kieselsäure und Thon, Eisenoxyd, Thonerde, Kalk und Magnesia. Ca. 1 g des gepulverten Kalksteins wird in einer Porzellanschale mit etwas Wasser gleichmässig befeuchtet und, unter Bedecken mit einem Uhrglas, allmählich mässig verdünnte Salzsäure zugesetzt. Nachdem die Kohlensäure-Entwickelung beendet, wird unter häufigem Umrühren im Wasserbade zur Trockene verdampft, das Trocknen durch Erhitzen auf einer Asbestplatte vervollständigt, und der Rückstand mit soviel starker Salzsäure versetzt, dass alles Lösliche sich fast vollständig löst. Nach einer halben Stunde wird heisses Wasser zugesetzt, filtrirt, gewaschen und der Rückstand als Kieselsäure und Thon gewogen.

Zu dem noch warmen und mit Bromwasser oxydirten Filtrat setzt man Ammoniak in ganz geringem Ueberschuss, kocht einige Minuten und filtrirt den entstandenen Niederschlag ab. Um denselben von etwa mitgefälltem Kalk zu befreien, kann man ihn neuerdings in Salzsäure lösen und die Fällung mit Ammoniak wiederholen. Eisenoxyd und Thonerde werden gemeinsam bestimmt. Eine getrennte Bestimmung des Eisenoxyds wird, wenn erforderlich, in einer anderen Probe vorgenommen.

Das etwa 200 ccm betragende Filtrat wird zum schwachen Sieden erhitzt, und oxalsaures Ammon bis zur vollständigen Ausfällung und raschem Absetzen des Niederschlags nach Entfernung der Flamme zugegeben. Dann fügt man noch einen genügenden Ueberschuss von oxalsaurem Ammon hinzu, um auch alle Magnesia in lösliche, oxalsaure Magnesia überzuführen, füllt mit heissem Wasser auf etwa 400—500 ccm auf und lässt 12 Stunden bei mässiger Wärme stehen.

Häufig wird mit dem Kalk auch etwas Magnesia gefällt; durch allmählichen Zusatz des oxalsauren Ammons lässt sich die Menge der mitgefällten Magnesia auf ca. 0,2 Proc. reduciren. Will man ganz genau arbeiten, so vollzieht man auch die Fällung des Kalkes ein zweites Mal. Man decantirt hiezu die klare Flüssigkeit durch ein Filter, rührt den im Becherglas verbliebenen Rückstand zweimal mit heissem Wasser an und giesst jedesmal die geklärte Flüssigkeit durch dasselbe Filter. Dann löst man den Niederschlag im Becherglas wieder in Salzsäure, setzt Ammoniak in genügender Menge und etwas oxalsaures Ammon hinzu und lässt den nun neugebildeten Niederschlag von oxalsaurem Kalk 1 Stunde absetzen. Nun filtrirt man durch dasselbe Filter, wäscht mit heissem Wasser gut aus, trocknet, glüht zunächst schwach, dann anhaltend über dem Gebläse bis zum constanten Gewicht und wägt als Calciumoxyd*).

Das Filtrat vom Kalk wird mit Salzsäure schwach angesäuert und am Wasserbade auf etwa $^1/_3$ seines Volumens concentrirt. Dann wird ca. $^1/_3$ des Flüssigkeits-Volumens an verdünntem Ammoniak zugesetzt und nach dem Abkühlen die Magnesia mit phosphorsaurem Natron gefällt. Nach etwa 3 stündigem Stehen kann man filtriren, mit (ca. 3 proc.) ammonhaltigem Wasser waschen, trocknen und im Platintiegel glühen. Die Wägung erfolgt bekanntlich als $Mg_2 P_2 O_7$.

c) Eisenoxyd und Schwefelsäure. Die beiden Bestimmungen können, wenn erforderlich, in derselben Parthie vorgenommen werden. Hiezu bringt man ca. 10 g des gepulverten Kalksteins in einen Messkolben zu 250 ccm, löst in Salzsäure, füllt zur Marke und fällt 200 ccm des durch ein trockenes Filter gegossenen Filtrates mit Ammoniak. Den entstandenen Niederschlag löst man noch feucht in Schwefelsäure 1 : 4, verdünnt mit Wasser, reducirt mittelst Zink und titrirt das Eisen mit Kalium-

---

*) Zur Controle empfiehlt es sich, noch eine Titration des Calciumoxydes mit Salzsäure vorzunehmen.

permanganat. Das Filtrat vom Niederschlage der Sesquioxyde wird zur Bestimmung der Schwefelsäure mit Salzsäure angesäuert und mit Chlorbaryum gefällt.

d) Kohlensäure. Dieselbe kann in der Regel durch Berechnung ermittelt werden, indem man den Kalk (nach Abzug der etwa an Schwefelsäure gebundenen geringen Menge) und die Magnesia auf Carbonate umrechnet. Nur wenn grössere Mengen von Kieselsäure vorhanden sind, mithin ein Theil des Kalkes als Calciumsilicat gebunden sein kann, wird man eine directe Kohlensäurebestimmung durch Absorption in Natronkalkröhren auf bekannte Weise vornehmen.

e) Alkalien finden sich meist nur in Spuren, und kann deren Bestimmung fast immer unterbleiben.

f) Organische Substanzen. Als annähernd genaues Verfahren empfiehlt sich die Methode von Fresenius, wonach die organischen Substanzen durch Verbrennen im Verbrennungsrohr unter Sauerstoffzufuhr bestimmt werden. Für je 58 Theile erhaltenen Kohlenstoff (213 Th. Kohlensäure) werden 100 Theile organische Substanz in Rechnung gebracht.

2. Mergel.

Kalksteine mit unter 10 Proc. Thonsubstanz, d. i. Thon, Kieselsäure und Sesquioxyde, liefern beim Brennen einen „fetten Kalk“ und eignen sich zur Herstellung von Kalkmörtel.

Kalksteine mit über 10 Proc. solcher Beimengungen geben „mageren Kalk“. Man nennt sie thonige Kalksteine oder Mergel und unterscheidet weiter Kalk- und Thonmergel, je nachdem der eine oder andere Bestandtheil vorwaltet.

Die Analyse der Mergel erfolgt in der Regel nach der für den Kalkstein angegebenen Methode, jedoch unter Anwendung keines grossen Salzsäureüberschusses und unter Vermeidung zu starken Erhitzens beim Auflösen. Ueberdies wird noch die Untersuchung des in Salzsäure unlöslichen Thones vorgenommen. Dieselbe erstreckt sich hauptsächlich auf die Bestimmung der löslichen Kieselsäure, des groben und feinen Sandes.

a) Lösliche Kieselsäure. Der aus 1—2 g des Mergels erhaltene, in Salzsäure unlösliche Rückstand wird vom Filter genommen und in einer Porzellan- oder Platinschale solange mit einer zeitweilig erneuerten Lösung von Aetznatron oder chemisch reiner Soda ausgekocht, bis das Filtrat, mit Chlorammonium versetzt und einige Zeit gekocht, keine Trübung von sich ausscheidender Kieselsäure mehr gibt. Aus dem alkalischen Auszug des Rückstandes fällt man die freie Kieselsäure durch Ansäuern mit Salzsäure, Verdampfen zur Trockene und bestimmt sie in bekannter Weise.

b) Grober und feiner Sand. 50 g Substanz werden mit Salzsäure versetzt, die Lösung $\frac{1}{2}$ Stunde gekocht, und der Rückstand der unter „Thon" näher beschriebenen Schlämmoperation unterworfen.

Die Untersuchung sehr thonreicher Mergel kann auch nach der für den Thon anzugebenden Methode vorgenommen werden.

Mergel, welche zwischen 20 und 30 Proc. Thon enthalten, eignen sich durchschnittlich am besten zur Herstellnng hydraulischer Kalke. Dabei geben solche Mergel, deren Thon vorwaltend freie Kieselsäure enthält, nur mittelmässigen hydraulischen Kalk, zumal wenn selbe grösstentheils in Form von gröberem Sand und nicht als Staubsand vorhanden ist. In Summa wird ein Mergel einen desto besseren hydraulischen Kalk geben, je mehr dessen Thon aus Silicaten (nicht freier Kieselsäure besteht) und je weniger groben Sand er enthält. Ueberdies muss das richtige Verhältniss zwischen Thon und Kalk vorhanden sein.

Durch Mischen von Thon mit Kalkstein und Brennen der erhaltenen Mischung bis zur Sinterung können Producte erhalten werden, die nach der Zerkleinerung bis zur Mehlfeinheit die Eigenschaften hydraulischer Kalke besitzen und als Portlandcemente bezeichnet werden. Der Kalkstein wird dabei in Form von Kreide, Wiesenkalk oder Mergelerde verwendet und soll nicht zu viel Magnesia enthalten. Während ein Magnesiagehalt bis zu 3 Proc. eher günstig wirkt, sind erheblich grössere Mengen schädlich, und bei etwa 18 Proc. findet eine entschieden nachtheilige Wirkung auf die Festigkeit des Mörtels statt.

Als Thon verwendet man zweckmässig einen solchen mit wenig Sand (insbesondere grobem Sand), viel Kieselsäure und einem höheren Gehalt an Eisenoxyd und Alkalien. Solche Thone sind leicht schmelzbar, und zeigen die gut verwendbaren folgende durchschnittliche Zusammensetzung:

Kieselsäure 59—68 Proc.
Thonerde   12—23   -
Eisenoxyd   7—14   -
Kalk   0,75—10   -
Magnesia   1—3   -
Alkalien   2—4   -

Nach Michaelis muss das in der Mischung zu wählende Gewichtsverhältniss zwischen Thon und Kalk ein derartiges sein, dass im gebrannten Portlandcement auf 80 Aequivalente Kieselerde 210—230 Aeq. Kalkerde und 15—25 Aeq. Thonerde und Eisenoxyd kommen. Stellt man dann Kieselsäure und Sesquioxyde (als Säuren) dem Kalk gegenüber, so erhält man die Ausdrücke:

$$100 \, (Si\,O_2 . R_2\,O_3) . 200 \; Ca\,O \quad \text{und} \quad 100 \, (Si\,O_2 . R_2\,O_3) . 240 \, CaO.$$

Unter 200 Ca O tritt Zerfallen, über 240 Treiben ein, und ist es vortheilhaft nicht unter 220 zu gehen.

Nach Kosmann sollen in der Cementmischung vorhanden sein auf:

$$6 \; Mol. \; Ca\,O = 60{,}21 \; Proc.$$
$$2 \quad - \quad Si\,O_2 = 21{,}50 \quad -$$
$$1 \quad - \quad Al_2\,O_3 = 18{,}29 \quad -$$

welches Verhältniss aber in Folge eines meist nicht unbeträchtlichen Gehaltes an freier Kieselsäure im Kalkstein und Thon praktisch auf $2^1/_2 — 2^5/_6$ Si O$_2$ erhöht und auf 0,5—0,66 Al$_2$ O$_3$ erniedrigt werden muss.

Die äussersten Grenzen in der Zusammensetzung von Portlandcementen sind nach Candlon folgende:

Kalk   58—67 Proc.
Kieselsäure 20—26   -
Thonerde   5—10   -
Eisenoxyd   2—6   -
Magnesia   0,5—3   -
Schwefelsäure 0,5—2   -

Die chemische Analyse des fertigen Cements wird ganz so wie die des Kalksteins oder Mergels vorgenommen. Häufig wird eine blosse Bestimmung des Thon- (Gesammtsilicat-) Gehaltes vorgenommen. Hierzu werden 2 g Cement in einer Schale mit etwa 20 ccm Wasser übergossen und mit Salzsäure, der man etwas Salpetersäure zugefügt hat, zersetzt. Alsdann erhitzt man zum beginnenden Sieden, fällt mit Ammoniak und bestimmt den erhaltenen Niederschlag.

Guter Cement soll sich durch conc. Salzsäure fast ganz aufschliessen lassen, da er in Folge seiner Darstellungsweise die Kieselsäure in der löslichen Modification enthält.

3. Thon.

Unter Thon im weiteren Sinne ist ein wasserhaltiges Aluminiumsilicat zu verstehen, welches ausser der eigentlichen Thonsubstanz noch unverwitterten Feldspath und Quarz, nebst anderen Beimengungen enthalten kann. Es finden sich daher in demselben neben Thonerde und Kieselsäure meist noch Eisenoxyd, Kalk, Magnesia, Alkalien und geringe Mengen Manganoxydul sowie flüchtige Bestandtheile.

Ueber die Rolle dieser einzelnen Bestandtheile sei kurz folgendes erwähnt:

Thonerde ist der werthvollste und entscheidendste Bestandtheil des Thones. Ihre Menge ist maassgebend für die physikalischen Eigenschaften der Thone (Plasticität, Schwinden), wie auch für die Schwerschmelzbarkeit.

Kieselsäure übt eine relative und die Eigenschaften des Thones meist beschränkende Wirkung aus. Sie vermindert die Plasticität, vermehrt die Schmelzbarkeit und vermehrt den Einfluss der Flussmittel bei hohen Temperaturen. Sie ist in Thonen sowohl in chemischer Verbindung als mechanisch beigemengt enthalten, und ist ihre exacte analytische Bestimmung auch in letzterer Form erforderlich.

Magnesia, Kalk, Eisenoxyd, Alkalien wirken sämmtlich als Flussmittel u. zw. üben äquivalente Mengen derselben eine gleiche Wirkung auf die Schmelzbarkeit. Es tritt mithin Magnesia als stärkstes, Kalk als zweitstärkstes Flussmittel auf. Alkalien treten meist in Form von Kali auf und werden als solches berechnet. Eisen bedingt meist die Färbung der Thone und Verfärbung, wie Missfärbung der Thonfabricate.

Flüchtige Bestandtheile. (Glühverlust.) Sie rühren von Schwefel, Wasser, Kohlensäure und organischen Substanzen her.

Letztere können, wenn in grösserer Menge vorhanden, die Plasticität der Thone und deren dichtes Brennen beeinträchtigen. Auf die quantitative Bestimmung etwa vorhandenen Schwefels ist grosser Werth zu legen, da selbst geringe Mengen (in Form von Schwefelkies) sehr schädlich wirken können.

Die chemische Analyse des Thones zerfällt in die empirisch-technische und rationelle Analyse.

A. Empirisch-technische Analyse.

a) Feuchtigkeit. 2—5 g der Probe werden bei 120° bis zum constanten Gewicht getrocknet.

b) Totalglühverlust. (Constitutionswasser, Organisches und Kohlensäure). 1 — 2 g der getrockneten Substanz werden am Gebläse unter Luftzutritt bis zum constanten Gewicht geglüht.

c) Kieselsäure, Thonerde, Eisenoxyd, Manganoxydul, Kalk, Magnesia. Ca. 1 g der sehr fein gepulverten Durchschnittsprobe wird mit der 6—8fachen Menge kohlensauren Natron-Kalis im Platintiegel aufgeschlossen. Mehr als die 10fache Menge Natron-Kali soll keinesfalls angewendet werden. Nach Michaelis ist es zweckmässiger, reines kohlensaures Natron anzuwenden, wodurch das Schmelzen erst bei höherer Temperatur, nachdem die ausgetriebene Kohlensäure entwichen ist, stattfindet, und ein Spritzen vermieden wird. Die Schmelze wird in Wasser aufgeweicht, mit Salzsäure vorsichtig angesäuert, die Lösung zur Trockene verdampft, und die Kieselsäure wie gewöhnlich abgeschieden. Selbe ist durch Behandeln mit Flusssäure auf Reinheit zu prüfen.

Im Filtrate erfolgt, wenn auf die Bestimmung von Mangan nicht Rücksicht genommen wird, die Fällung von Eisenoxyd und Thonerde nach Zusatz von Salmiak mit Ammoniak in gewohnter Weise. Soll von Mangan getrennt werden, so setzt man zu dem mit kohlensaurem Natron möglichst neutralisirten Filtrate eine conc. Lösung von essigsaurem Natron oder Ammon und erhitzt kurze Zeit zum Kochen. Den nach dem Entfernen der Flamme sich rasch absetzenden Niederschlag decantirt man wiederholt mit heissem Wasser, welchem etwas essigsaures Ammon zugesetzt wurde, bringt denselben dann auf das Filter und wäscht mit siedend heissem Wasser, bis im Filtrate kein Chlor mehr nachweisbar ist.

Der Niederschlag wird entweder direct getrocknet und geglüht, oder, bei sehr genauen Analysen, vorher nochmals in Salzsäure gelöst, mit Ammoniak gefällt und filtrirt. Das Filtrat wird mit dem früher erhaltenen vereinigt.

Auch wenn keine Mangantrennung vorgenommen wurde, ist dem Decantiren und Auswaschen des Niederschlags besondere Vorsicht zuzuwenden.

Es erscheint nicht überflüssig, den so erhaltenen Niederschlag auf Reinheit zu prüfen, indem man ihn nach Mitscherlich mit einem reichlich überschüssigen Gemenge von 8 Gew.-Th. conc. Schwefelsäure und 3 Th. Wasser im Kolben erwärmt. Scheiden sich dabei Flocken von Kieselsäure aus, so werden sie abfiltrirt, gewogen, und das Gewicht von dem der Thonerde + Eisenoxyd abgezogen und der Kieselsäure zugerechnet. Im Filtrat kann nach der Reduction mit chemisch reinem Zink das Eisen durch Titration mit Chamäleon bestimmt werden.

Wurde die Prüfung des Thonerde-Eisenoxyd-Niederschlags unterlassen, so schliesst man eine aliquote Menge desselben, die im Achatmörser fein gepulvert wurde, im Platintiegel mit saurem schwefelsauren Kali auf, wobei zuerst ganz schwach, dann zum starken Glühen erhitzt wird. Die Schmelze wird in Wasser gelöst, mit Schwefelsäure versetzt und nach der Reduction mit Zink das Eisen titrirt.

Im Filtrat von Eisenoxyd und Thonerde erfolgt eventuell die Bestimmung des Mangans als Dioxyd, indem man in die erkaltete und schwach essigsaure Lösung Bromwasser einträgt, mit conc. Ammoniak übersättigt und nach raschem Aufkochen den entstandenen Niederschlag filtrirt.

Das mit Salzsäure angesäuerte Filtrat wird eingeengt, mit Ammoniak übersättigt und der Kalk wie früher mit oxalsaurem Ammon, die Magnesia mit phosphorsaurem Natron gefällt.

d) Alkalien. 2 g des feinstgepulverten Thones werden in einer Platinschale mit etwas Wasser angerührt, mit starker Schwefelsäure übergossen, Flusssäure zugegeben und am Wasserbade bis zur vollen Verflüchtigung der Flusssäure erwärmt. Hierauf wird die überschüssige Schwefelsäure nahezu vollkommen abgeraucht, und der Rückstand mit heissem Wasser und Salzsäure übergossen. Dabei darf höchstens ein kohliger, keinesfalls ein knirschender

Absatz hinterbleiben. Hierauf werden mit einer conc. überschüssigen Aetzbarytlösung Schwefelsäure, Thonerde, Eisenoxyd und Magnesia abgeschieden. Im Filtrat wird der überschüssige Baryt mit Schwefelsäure gefällt, dann Ammoniak, kohlensaures und oxalsaures Ammon zugegeben und nach längerem Stehen filtrirt. Man dampft das Filtrat in einer gewogenen Platinschale zur Trockene, erhitzt zunächst im Luftbade, dann zur Entfernung der Ammonsalze über kleiner directer Flamme, glüht schliesslich und wägt. Den Glührückstand nimmt man mit Wasser auf und setzt, falls er nicht vollkommen löslich ist, nochmals kleine Mengen von Ammoniak, kohlensaurem und oxalsaurem Ammon hinzu und verfährt so wie früher. Bei 2—3maligem Wiederholen dieser Operation gelingt es die Alkalisulfate vollkommen rein zu erhalten; sie werden als Kaliumsulfat angenommen und daraus das Kaliumoxyd berechnet.

e) Schwefel. 5 g des Thones werden mit gepulvertem, chlorsaurem Kali gemengt, allmählich mässig conc. Salpetersäure zugegossen, das Ganze gelinde erwärmt und zuletzt unter wiederholtem Zusatz von Salzsäure gekocht, bis alle Salpetersäure zersetzt ist. Dann wird der Säureüberschuss abgedampft, mit Wasser aufgenommen, und die Schwefelsäure mit Chlorbaryum gefällt.

B. Rationelle Analyse.

Dieselbe soll nicht die vorhandenen Einzelbestandtheile, sondern die Gruppirung derselben zu bestimmten, charakteristischen Verbindungen ermitteln. Der Gehalt an eigentlicher Thonsubstanz, an Quarzsand, Feldspath, kohlensaurem Kalk etc. wird durch sie bestimmt. Sie wird zumeist bei reinen Thonen für Porzellan und Steingut durchgeführt.

Zur Durchführung werden etwa 5 g in einer Porzellanschale mit 100—150 ccm Wasser aufgeweicht, unter Zusatz von etwa 2 ccm Natronlauge gekocht und dadurch in Wasser fein vertheilt. Nach dem Abkühlen werden ca. 25 ccm conc. Schwefelsäure zugesetzt und bei aufgelegtem Uhrglas unter lebhaftem Kochen so lange erhitzt, bis Schwefelsäure abzurauchen beginnt. Hiedurch wird neben der Umwandlung des kohlensauren Kalks in schwefelsauren Kalk nur die Thonsubstanz (Thonerdesilicat) zersetzt, während Quarz und Feldspathpulver nicht angegriffen werden.

Die erhaltene Masse wird nach dem Verdünnen mit Wasser durch Decantiren von der Hauptmenge der Schwefelsäure und schwefelsauren Thonerde befreit, dann zweimal abwechselnd mit Natronlauge und Salzsäure (mässig concentrirt) ausgekocht. Dabei wird jedesmal durch dasselbe Filter decantirt, schliesslich der ganze Rückstand darauf gesammelt, mit Salzsäure gewaschen, geglüht und gewogen. Derselbe besteht nur aus Feldspath und Quarz. Der Gewichtsverlust ist Thonsubstanz und kohlensaurer Kalk. Die Menge des letzteren kann durch eine Kohlensäurebestimmung ermittelt werden.

Das Gemenge von Quarz und Feldspath wird mit Schwefelsäure und Flusssäure aufgeschlossen, in der Lösung die Thonerde durch Fällen mit Ammoniak, Wiederauflösen und nochmaliges Fällen bestimmt, und daraus die Menge des Feldspaths berechnet (1 Th. Thonerde = 5,41 Th. Feldspath). Der Gehalt an Quarz ergibt sich aus der Differenz.

C. Schlämmanalyse.

Unter den verwendeten Apparaten verdient der Apparat von Schöne hinsichtlich der Uebereinstimmung der damit erzielten Resultate und der bequemen Handhabung entschieden den Vorzug. Derselbe ist in Figur 4 abgebildet.

Sein wesentlichster Theil ist der Schlämmtrichter, dessen cylindrischer Theil BC — der eigentliche Schlämmraum — genau in den bezeichneten Dimensionen zu halten ist. Der Durchmesser des unteren Theiles bei D darf im Lichten nicht grösser als 5 mm, nicht kleiner als 4 mm sein. Dieselben Dimensionen müssen in der Biegung DEF und am unteren Theil der Röhre EG eingehalten werden, nach obenhin kann sie weiter, aber nicht enger werden. Die Ausflussröhre HJKL ist aus einem Stück Barometerrohr erzeugt, ihr innerer Durchmesser muss möglichst genau 3 mm betragen. Der Winkel bei J darf nur zwischen 40° und 45° sein. Die Ausfluss-

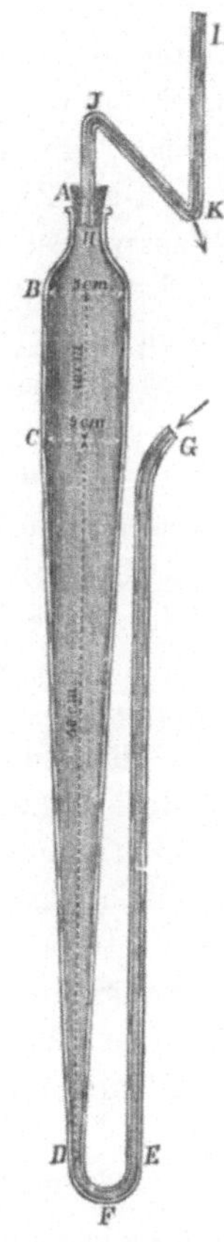

Fig. 4.
Schlämmapparat
von Schöne.

öffnung ist an der tiefsten Stelle der Biegung K so angebracht, dass der ausfliessende Wasserstrahl ein wenig schräg nach unten gerichtet ist; sie soll kreisförmig sein, abgeschmolzene Ränder und einen Durchmesser von $1\frac{1}{2}$ mm besitzen. Der Schenkel KL ist etwas über $1\frac{2}{3}$ m lang und dient zum Messen des Druckes, unter dem das Wasser bei K ausfliesst. Er ist vom unteren Ende nach aufwärts mit einer Theilung versehen, u. zw. von 1—10 cm in mm, von 10—50 cm in $\frac{1}{2}$ cm und darüber in ganze cm getheilt.

Das Zuflussrohr G wird durch eine Leitung mit einem Wasser-Reservoir verbunden, welches bei einem Inhalt von 25 L. höchstens 10 cm hoch sein darf. Ein in der Leitung angebrachter Hahn gestattet die Regulirung des Wasserzuflusses. In dem Wasserkasten steckt mittelst eines Korkes eine senkrecht nach oben gebogene Glasröhre, durch welche beim Ausfliessen des Wassers Luft in den geschlossenen Raum eintritt, während sie beim Nachfüllen als Wasserstandszeiger dient.

Mit den angegebenen Dimensionen des Trichters und der Abflussröhre kann man die Geschwindigkeit im Schlämmraum von 0,2—4 mm pro Secunde variiren. Vor der Benutzung des Apparates muss man die Beziehung zwischen dieser Geschwindigkeit und dem Stande des Wassers im Druckmesser (Piëzometer) feststellen. Die Geschwindigkeit ist gleich der Ausflussmenge in einer Secunde dividirt durch den Quadratinhalt des Querschnittes des Schlämmraumes. Um diesen letzteren zu bestimmen, macht man etwas oberhalb C eine Marke und lässt das Wasser bis zu dieser Stelle einfliessen. Dann bringt man mittelst einer Pipette 50 ccm Wasser dazu und misst den Höhenunterschied im Schlämmraum mittelst eines angelegten Maassstabes oder Kathetometers. Wird diese Höhe in die zugegossenen 50 ccm dividirt, so erhält man den Quadratinhalt des mittleren Querschnittes des Schlämmraums. Es werden nun die einer Geschwindigkeit von 0,2, 0,5 und 2 mm entsprechenden Piëzometerhöhen empirisch ermittelt und für die folgenden Bestimmungen vorgemerkt.

Von dem zu verwendenden Thon, der bei 100—120° getrocknet wurde, werden nun 50 g in 200—300 ccm Wasser aufgeweicht und unter Zusatz von einigen ccm Natronlauge mindestens $\frac{1}{4}$ Stunde in lebhaftem Kochen erhalten.*) Ist der Thon im

---

*) Kalkhaltige Thone werden ausserdem mit verdünnter, kalter Salz-

Wasser fein vertheilt, so wird die trübe Masse zunächst durch
ein Sieb von 900 Maschen gegossen. Hierbei werden unter Durch-
rühren mit einem weichen Pinsel der grobe Sand in einer Korngrösse über 0,2 mm, sowie Steinchen, Wurzelreste etc. abgeschieden. Das durch das Sieb Durchgegangene wird, nachdem der
grobe Sand mit etwas Wasser gewaschen ist, in ein Becherglas gegossen, einige Stunden stehen gelassen, die fast klare
Flüssigkeit entfernt, und der Bodensatz in den Schlämmtrichter
gespült. Man darf dabei nur so viel Wasser anwenden, dass das
Niveau den eigentlichen Schlämmraum bei C erreicht, und lässt
während des Einspülens durch geringes Oeffnen des Hahnes
Wasser zufliessen, um ein Festsetzen in der Spitze des Trichters
zu verhindern.

Hierauf lässt man das Wasser langsam in dem Schlämmtrichter steigen, so dass der 10 cm hohe Raum sich erst in 500
Secunden mit Wasser vollständig füllt. Dann setzt man das
Ausflussrohr auf und regulirt den Zufluss so, dass die der Geschwindigkeit von 0,2 mm entsprechende Piëzometerhöhe eingehalten wird. Sobald das in ein untergestelltes Becherglas ab-
laufende Wasser resp. das Wasser im Schlämmraum fast klar erscheint, sind die dieser Stromgeschwindigkeit entsprechenden
Theile abgeschlämmt. Man wechselt dann das Becherglas und
stellt das Piëzometer auf die der Geschwindigkeit von 0,5 mm
entsprechende Höhe ein. Sind auch diese Theilchen entfernt, so
stellt man auf 4 mm. Für Geschwindigkeiten unter 0,5 mm muss
man ca. 3 Liter, für höhere Geschwindigkeiten 4—5 Liter durch
den Apparat gehen lassen. Die Bechergläser mit den abge-
schlämmten Flüssigkeiten lässt man bis zur vollkommenen Klärung
ruhig stehen, zieht die klare Flüssigkeit mit einem Heber ab und
spült den Rückstand in eine Porzellanschale, wo man ihn trocknet
und wägt. Der im Trichter verbliebene Rückstand wird ebenfalls
in eine Schale entleert, indem man ersteren umgekehrt über
dieselbe hält und einen kräftigen Wasserstrom durchfliessen
lässt. Durch Abziehen des Wassers, Trocknen und Wägen wird
seine Menge bestimmt. Die feinsten abschlämmbaren Theilchen,

---

säure behandelt, um die kohlensauren Erden, die häufig einzelne Theile
verkitten, zu entfernen. Nach beendeter Kohlensäure-Entwicklung muss
die Salzsäure völlig ausgewaschen werden.

zu deren Absetzen zu lange Zeit erforderlich wäre, ermittelt man aus der Differenz. Der am Sieb zurückgebliebene, grobe Sand wird ebenfalls gewogen.

Die erhaltenen Producte werden folgendermaassen bezeichnet:

a) feiner Thon (Korngrösse bis 0,01 mm) Stromgeschwindigkeit 0,2 mm
b) Schluff   - 0,01—0,02 -   -   0,5 -
c) Staubsand   - 0,02—0,05 -   -   2,0 -
d) Feinsand   - 0,05—0,2 -   (Rückstand im
                                  Schlämmtrichter)
e) Grobsand   - über 0,2 mm   (Rückstand am Sieb)

D. Pyrometrische Prüfungsmethoden.

Das Verhalten der Thone bei höheren Temperaturen ist zur Feststellung der Schwindungsverhältnisse, der Färbung, des Auftretens von Flecken, sowie der Feuerbeständigkeit überhaupt, von grosser Wichtigkeit. Um dieses Verhalten zu studiren, braucht man in erster Linie entsprechende Pyrometer, um die erhaltenen Temperaturen messen zu können. Für die niedrigeren Temperaturen von 960—1145° C wurden zu diesem Zwecke Plättchen von reinem Silber, reinem Gold und Legirungen derselben von 20 zu 20 Proc. Gold steigend, ferner Gold-Platinlegirungen verwendet, und dabei folgende Scala erhalten:

```
                              reines Silber Schmelzpunkt  960° C.
Legirung  von 80 Th. Silber,  20 Th. Gold        -        983° C.
    -       -  60   -    -  -  40   -    -        -       1006° C.
    -       -  40   -       -  60   -    -        -       1029° C.
    -       -  20   -       -  80   -    -        -       1052° C.
                              reines Gold         -       1075° C.
    -       -  95   -  Gold,  5 Th. Platin        -       1110° C.
    -       -  90   -       -  10   -    -        -       1145° C.
```

Für höhere Temperaturen, für welche Goldplatinlegirungen nicht mehr brauchbar sind, wurde von Seger eine andere Art Pyroskope eingeführt.

Dieselben bestehen aus einer Reihe von Porzellanglasuren mit steigendem Gehalt an Thonerde und Kieselsäure und immer schwererer Schmelzbarkeit. Aus diesen Massen werden Tetraeder geformt, — Seger'sche Kegel — und zur Temperatursmessung in die Versuchs- oder Betriebsöfen eingesetzt. Sobald die Spitze eines Kegels sich derart neigt, dass sie die Platte, auf welche derselbe gesetzt ist, berührt, ist die demselben entsprechcnde Temperatur erreicht.

Es wurden 36 derartige Kegel hergestellt und mit fortlaufenden Nummern derart bezeichnet, dass dem Kegel Nr. 1 die Schmelztemperatur von 1150⁰ (annähernd der Legirung 90 Gold, 10 Platin), dem Kegel Nr. 20 die Schmelztemperatur von 1700⁰ entspricht. Nimmt man nun an, dass die Abstände der Temperaturen unter einander gleich seien, so ergibt sich für jede folgende Nummer eine Erhöhung um ca. 29⁰ und entspricht beispielsweise Nr. 30 einer Temperatur von 2000⁰ C. Die Zusammensetzung der Glasuren wurde von Seger bekannt gegeben, und sind die Kegel selbst durch das Laboratorium für Thonindustrie in Berlin erhältlich*).

Auch für die niedrigeren Temperaturen wurden in letzter Zeit, an Stelle der kostspieligen Legirungen leichtflüssigere Kegel hergestellt und mit Nr. 0,10 (960⁰ C) 0,9 etc. bis 0,1 (1131⁰ C.) bezeichnet, so dass nunmehr in Summa 46 Kegel verwendet werden.

Das Brennen der verschiedenen Thonwaaren geschieht bei, den nachfolgenden Nummern entsprechenden, Temperaturen:

Ziegelsteine, Verblendsteine, Terracotten etc.	bis Kegel 5 ·
Steingutwaaren im Rohbrand	von Kegel 3—10
- - im Glasurbrand	bis Kegel 1 ·
Steinzeugwaaren	Kegel 5—10
Feuerfeste Producte, Chamottesteine etc.	Kegel 10—20
Porzellan	Kegel 15—20

a) **Prüfung auf Schwindung, Färbung, Erscheinen von Flecken.** Man formt den Thon mit Wasser (etwa 20 Proc. seines Gewichtes) zu einer steifen Paste und drückt diese in eine Form von Bronce von etwa 8 cm Länge, 4 cm Breite und 1 cm Dicke. Die so hergestellten Körper erhalten sofort nach dem Ausnehmen aus der Form an den Enden zwei Marken, indem

---

*) Die den einzelnen Kegeln entsprechenden Schmelztemperaturen finden sich in einer denselben beiliegenden Erklärung verzeichnet.

man mit einer spitzen Nadel einen Längsstrich über dieselben zieht, senkrecht darauf 2 Querstriche macht und die Entfernung mit gutem Maassstab sammt Nonius misst. Die Steinchen werden zunächst auf einem Drahtnetz liegend getrocknet und die Entfernung der Marken wieder gemessen. Man erhält so die Grösse der Schwindung beim Trocknen. Dann werden sie in einer Muffel oder einem Ofen, ähnlich dem später beschriebenen Deville-schen Gebläse-Ofen mit immer steigender Gluth, eventuell bis zur Verdichtung derselben geglüht, und die Glühtemperatur durch Einsetzen von Probekegeln gemessen. Man beobachtet nun die den verschiedenen Temperaturen entsprechende Färbung, das etwaige Entstehen und Schmelzen von Flecken und misst ferner die Grösse der Schwindung. Auch eine Prüfung auf Porosität

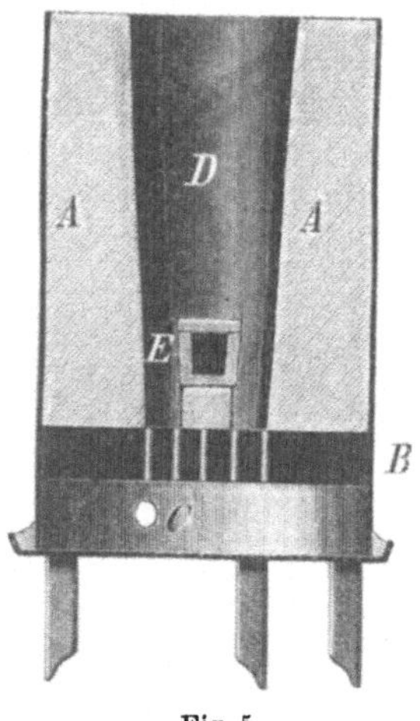

Fig. 5.
Deville'scher Gebläseofen.

kann annähernd vorgenommen werden, indem man auf die geglühte Probe einen Tintenstrich macht und beobachtet, ob die Tinte eingesaugt wird oder eine scharf markirte Linie hinterlässt.

b) Bestimmung der Feuerfestigkeit. Dieselbe kann allgemein zur Feststellung der Schmelztemperatur eines Thones, oder speciell zur Entscheidung, ob ein zu untersuchender Thon als feuerfest zu bezeichnen ist, durchgeführt werden. Es sei hier in erster Linie auf letzteren Fall Rücksicht genommen, aber gleichzeitig erwähnt, dass die Ermittelung der Schmelztemperatur ähnlich vorgenommen wird.

Die Prüfung feuerfester Thone erfolgt im Deville'schen Gebläseofen (Fig. 5). Derselbe besteht aus einem Hohlcylinder A von feuerfestem Material, der unten durch eine starke, schmiedeeiserne Platte B begrenzt ist. Diese Platte hat in der Mitte eine Oeffnung von 3 cm Durchmesser, um welche herum zwei Reihen feiner Oeffnungen von 6 mm Durchmesser in gleichen Abständen vertheilt sind. Der 35 cm hohe, feuerfeste Cylinder ist mit einem eisernen Mantel umgeben, welcher die gelochte Platte unten um 8 cm überragt und auf einem Eisenteller mit drei Füssen ruht. Der Raum zwischen Teller und Bodenplatte hat seitlich eine

runde Oeffnung C von 25 mm Weite, durch welche Luft mittelst
eines cylindrischen Blasebalges von 50 cm Durchmesser unter
Druck eingeführt wird. Den überstehenden, aufgebogenen Rand
des eisernen Tellers verschmiert man mit einem stark sandigen,
nicht schwindenden Thon, damit die eingeblasene Luft nicht entweichen kann. Der Brennraum D ist schwach conisch und hat
unten 9 cm, oben 11 cm Durchmesser. Die ca. 6 cm starke,
feuerfeste Ausfütterung des Ofens besteht bis ca. 12 cm Höhe aus
gebranntem Magnesit; der übrige Theil des Futters ist mit einem
Gemisch von 90 Theilen gebranntem Magnesit und 10 Theilen
bestem Kaolin ausgestampft.

Aus dem zu prüfenden Thon werden den Seger'schen Probe-
kegeln ähnliche Kegel hergestellt und in Tiegel eingeschlossen.
Diese Tiegel werden aus stark gebrannter Chamotte, aus gleichen
Theilen Aluminiumoxyd und bestem Kaolin bestehend, erzeugt,
die mit einem zum Formen erforderlichen Zusatz von bestem
Kaolin verarbeitet wird. Zu den Untersätzen verwendet man aus
Billigkeits-Rücksichten feuerfeste Chamottemasse, die nicht unter-
halb des Seger-Kegels 36 schmilzt.

Ausführung. Man formt aus den zu prüfenden Materialien
kleine dreiseitige Pyramiden von ca. 1 cm Grundkante und 2 cm
Höhe und trocknet dieselben. Sind organische Substanzen vorhanden, so müssen diese Versuchskegel längere Zeit bei schwacher
Rothglut verglüht werden. 1—2 dieser Kegel werden gleichzeitig
mit den entsprechenden Seger'schen Probekegeln in den Tiegel
gebracht, und repräsentirt Seger-Kegel 26 den Schmelzpunkt der-
jenigen Thone, die in der Thonwaaren-Industrie als niedrigst-
schmelzende, feuerfeste Materialien gelten. Die Tiegel haben eine
Höhe von 50 mm, einen äusseren Durchmesser von 45 mm und
5 mm Wandstärke. Der Tiegeldeckel ist 5 mm stark, der Unter-
satz hat auf 45 mm Durchmesser 50 mm Höhe. In den Tiegel
schüttet man ca. 7 mm hoch eine Schicht eines feingesiebten Gemisches von bestem, feingeschlämmtem Zettlitzer Kaolin und Aluminiumoxyd und drückt diese fest. In diese Schicht setzt man
die Versuchspyramiden und Segerkegel abwechselnd im Kreise ein,
und bekommen dieselben durch leichtes Eindrücken den erforderlichen Halt. Mittelst einer langschenkligen, eisernen Zange bringt
man nun den Tiegeluntersatz auf das grosse Loch der Bodenplatte, setzt dann den zugedeckten Tiegel darauf und beginnt zu

feuern. Das Anheizen geschieht in der Weise, dass man ca. 30 g zusammengeknittetes Papier entzündet und in den Brennraum wirft, wobei der Blasebalg langsam getreten wird (etwa 25 Tritte in der Minute). Auf das Papier kommen ca. 200 g haselnussgrosse Holzkohlen. Während des Tretens wird die weisse Asche des Papiers aus dem Ofen geschleudert. Hat die Holzkohle Feuer gefangen, so streut man eine abgewogene Menge zerkleinerten Retortengraphits in den Brennraum. Die Zerkleinerung geschieht bis Haselnussgrösse und wiegen ca. 300 Stückchen 1 kg. Das Treten des Blasebalgs wird auf ca. 50 Tritte in der Minute gesteigert und fortgesetzt bis der Tiegel wieder deutlich sichtbar ist. Man beginnt gewöhnlich mit 0,9—1 kg Graphit, nach dessen Abbrennen meist Kegel 26 geschmolzen ist. Um höhere Temperaturen zu erzielen, vermehrt man die Brennmaterialmenge von Versuch zu Versuch um 26—40 g. Genau lassen sich die Brennmaterialmengen nicht feststellen; sie richten sich nach der Heizkraft des Graphits, über welche man sich nach einigen Versuchen Aufschluss verschafft hat. Während des Feuerns wird über den Ofen ein Deckel geschoben. Die Tiegel werden nach dem Erkalten aufgeschlagen.

Da die Ofenatmosphäre, je nachdem sie oxydirend oder reducirend ist, einen grossen Einfluss auf das Aussehen der Thone ausübt, ausserdem die Beurtheilung der Schmelzerscheinungen von der subjectiven Beurtheilung des Arbeitenden abhängt, so wird zweckmässig nur der wirkliche Schmelzpunkt der Thone nach Seger'schen Brenngraden angegeben, ohne auf das Verhalten bei niederen Temperaturen hierbei näher einzugehen.

c) Feuerfestigkeits-Berechnung durch die Analyse. Die genaue chemische Analyse eines Thones kann ebenfalls einen Aufschluss über den Grad der Feuerfestigkeit bieten. Als Maassstab hierfür wird der Feuerfestigkeitsquotient berechnet.

Dieser wird ermittelt, indem man das Verhältniss der Flussmittel zur Thonerde einerseits und das Verhältniss der Thonerde zur Kieselsäure andererseits feststellt und sich dabei auf die entsprechenden Sauerstoffmengeu bezieht. Vorhandenes Eisenoxyd wird in Form von Oxydul in Rechnung gezogen.

Es sei a der Sauerstoffgehalt der Thonerde, b der der Kieselsäure und c der der Flussmittel, (Eisenoxydul, Kalk, Magnesia, Kali) so ergeben sich obige Verhältnisse zu $\frac{a}{c} = A$ und $\frac{b}{a} = B$. Der Feuerfestigkeitsquotient (F) ist dann gleich $\frac{B}{A}$. Ein Thon gilt noch als feuerfest, wenn dieser Werth zwischen 3 und 4 liegt; er ist umso feuerfester, je mehr dieser Werth überschritten, umso weniger feuerfest, je tiefer derselbe unter der Grenze liegt.

Beispiel. Der als sehr feuerfest geltende, Zettlitzer Kaolin mit nachstehender Zusammensetzung gibt die beigesetzten Sauerstoffwerthe:

Bestandtheile	Oxyde	Sauerstoffmengen
Kieselsäure	45,68 · Proc.	24,36 Proc. (b)
Aluminiumoxyd	38,54 -	18,03 - (a)
Calciumoxyd	0,08 -	0,02 -
Eisenoxyd	0,90 -	0,18 -
Magnesiumoxyd	0,38 -	0,15 - 0,46 (c)
Kaliumoxyd	0,66 -	0,11 -
Glühverlust	13,00 -	

Die Flussmittel gegenüber der Thonerde als Einheit gesetzt, gibt $\frac{18,03}{0,46} = 39,13$ (A). Die Thonerde gegenüber der Kieselsäure als Einheit, gibt $\frac{24,36}{18,03} = 135$ (B).

Die Formel des Thones wäre demnach $39,19\,(Al_2 O_3 . 1,35\,Si\,O_2) +$ RO und der Feuerfestigkeitsquotient $F = \frac{39,13}{1,35} = 28,98$.

III. Montan-Industrie.

1. Eisen.

Bei sämmtlichen Eisensorten (Roheisen, schmiedbarem Eisen etc.) werden in der Regel folgende Bestimmungen durchgeführt: Silicium, Kohlenstoff, Mangan, Phosphor, Schwefel.

Bezüglich der Probenahme sei erwähnt, dass schmiedbares Eisen und graues Roheisen durch Bohren, Hobeln oder Drehen in die gewünschte Form gebracht werden können, während weisses Roheisen und gehärteter Stahl meist mittelst Hammer zerkleinert und dann im Stahlmörser zerstossen werden müssen.

a) Silicium. Nach der Methode von Brown werden 1—2 g Eisen (von weissem Roheisen und Stahl eventuell mehr) mit Salpetersäure von der Dichte 1,2 so lange erhitzt, bis alles Lösliche sich gelöst hat. Dann setzt man 35—40 ccm Schwefelsäure (1 : 4) hinzu und erhitzt auf dem Sand- oder Wasserbade, bis die Salpetersäure verjagt ist. Zur abgekühlten Flüssigkeit fügt man vorsichtig 40—50 ccm Wasser, erwärmt bis zur völligen Lösung des Eisensalzes und filtrirt heiss. Der Rückstand wird erst mit heissem Wasser gewaschen, bis im Filtrat kein Eisenoxyd mehr nachweisbar, dann etwa viermal mit heisser Salzsäure (sp. G. 1,12) und schliesslich wieder mit heissem Wasser bis zur vollen Entfernung der Salzsäure. Das noch feuchte Filter wird im Platintiegel bei niedriger Temperatur verbrannt, dann geglüht, bis die Kieselsäure rein weiss geworden, was bei graphitreichem Roheisen oft erst nach 2—3 Stunden der Fall ist. (Sollte die Kieselsäure eisenhaltig sein, so wird sie noch mit kohlensaurem Natron-Kali aufgeschlossen)

b) Kohlenstoff. Man bestimmt in der Regel Gesammtkohlenstoff und Graphit und erfährt den gebundenen Kohlenstoff aus der Differenz.

α) **Gesammtkohlenstoff.** Das Eisen wird in neutralem Kupferammoniumchlorid (erhalten durch Lösen von 300 g neutralem Kupferammoniumchlorid in 1 Liter, oder 340 g krystallisirtem Kupferchlorid und 214 g Chlorammonium in 1850 ccm Wasser) gelöst und im hinterbleibenden Rückstand der Kohlenstoff durch Verbrennen zu Kohlensäure bestimmt.

Durchführung. 1 g Roheisen, 3—5 g Stahl oder 5—10 g Schmiedeeisen werden in zerkleinertem Zustand in einen Erlenmeyerkolben gebracht, und auf je 1 g 50 ccm des oben angegebenen Lösungsmittels zugesetzt. Man schüttelt recht häufig um, anfangs bei gewöhnlicher Temperatur, später unter Erwärmen auf 40—50°. Das Eisen löst sich unter Abscheidung von Kupfer rasch auf, welch' letzteres später auch in Lösung geht, so dass nur ein Rückstand von Kohlenstoff, Silicium-, Phosphor- und Schwefeleisen etc. hinterbleibt. Findet eine Ausscheidung von basischem Eisensalz statt, so setzt man zur Lösung einige Tropfen Salzsäure. Man filtrirt nun durch ein Asbestfilter, eventuell unter Anwendung der Saugpumpe, und prüft das zuerst Durchlaufende durch Verdünnen mit Salzsäure und Wasser bis zur Durchsichtigkeit auf etwa mitgerissene Kohlentheilchen, dann wäscht man zuerst mit Kupferammoniumchlorid, später mit siedendem Wasser bis zum Verschwinden der Chlorreaction, hierauf mit Alkohol, zuletzt mit Aether und trocknet bei niedriger Temperatur.

Der am Asbestfilter verbliebene Rückstand wird nun mit Chromsäure und Schwefelsäure behandelt, dadurch der darin enthaltene Kohlenstoff zu Kohlensäure verbrannt und diese bestimmt. Hierzu verwendet man den zur directen Kohlensäurebestimmung dienenden Apparat und muss auf ein vollkommenes Trocknen der entweichenden Gase (mittelst Bimstein-Schwefelsäure und Chlorcalcium) besonders achten.

In den Zersetzungskolben des Apparates bringt man das mittelst einer Feile vorsichtig zerschnittene Asbeströhrchen sammt Kohle, übergiesst mit 40 ccm conc. Schwefelsäure und gibt nach dem Erkalten 8 g krystallisirte Chromsäure dazu. Der Kolben wird dann an den Apparat angeschlossen und allmählich erwärmt. Die auftretenden Gase passiren zunächst einen nach aufwärts gerichteten Kühler, dann die Trockenapparate und gelangen schliesslich in die zur Absorption dienenden zwei Natronkalkröhren, von denen die zweite etwa $1/_3$ des Inhalts an Chlorcalcium enthält.

Ein mit Chlorcalcium gefülltes Schutzrohr wird noch vorgelegt. Das Erhitzen wird fortgesetzt, so lange noch Gasentwicklung eintritt, wobei schliesslich im Kühler weisse Schwefelsäuredämpfe sichtbar werden. Dann saugt man mittelst eines Aspirators von Kohlensäure befreite Luft einige Zeit durch den Apparat, entfernt die Natronkalkröhren und wägt.

Neuerer Zeit zieht man es häufig vor, die durch Verbrennen des Kohlenstoffs entstehende Kohlensäure auf volumetrischem Wege zu bestimmen, und eignet sich hiefür besonders das Verfahren von Lunge und Marchlewski. Nach demselben wird das zu untersuchende Eisen in der Meuge von 0,5—5 g in einem Kolben mit gesättigter Kupfervitriollösung durch 1—6 Stunden öfters umgeschüttelt, hierauf der Kolben mit einem Kühler und einem geeigneten Gasvolumeter verbunden, die znr Verbrennung dienende Chromsäure-Schwefelsäure-Mischung einfliessen gelassen und erwärmt.

Von genannten Autoren wurden für diesen Zweck eigene Zersetzungsapparate und Gasvolumeter construirt. Die genaue Beschreibung derselben würde hier zu weit führen. (Selbe findet sich in der Zeitschrift für angewandte Chemie, Jahrgang 1891, S. 412. Die Apparate selbst sind bei J. G. Cramer in Zürich, C. Desaga in Heidelberg u. A. erhältlich.)

β. Graphit. 4—5 g Eisen werden durch Erhitzen mit verdünnter Salzsäure gelöst und der gebliebene Rückstand durch ein Asbestfilter filtrirt. Derselbe wird mit heissem Wasser gewaschen, bis das Filtrat mit Silberlösung nicht mehr opalisirt; dann wäscht man 4—5 mal mit verdünnter Kalilauge, hierauf mit Alkohol, bis die Kalilauge verdrängt ist, schliesslich mit Aether. Nach dem Trocknen wird die Verbrennung des Graphits in gleicher Weise, wie die des Gesammtkohlenstoffs, durch Chromsäure und Schwefelsäure bewirkt.

c) Mangan. Von den vielen für diese Bestimmung vorgeschlagenen Verfahren soll hier nur die Volhard'sche Methode besprochen werden.

Princip. Lässt man auf eine neutrale oder ganz schwach saure Lösung eines Mangansalzes Kaliumpermanganat bei 80° C. einwirken, so findet eine volle Ausscheidung des Mangans statt.

Die für diesen Process ursprünglich angegebene Gleichung:

$Mn_2 O_7 + 3\,Mn\,O = 5\,Mn\,\dot{O}_2$ ist nach Volhard insofern unrichtig, als unter den angegebenen Umständen stets eine oxydulhaltige Verbindung, $5\,Mn\,O_2\,Mn\,O$ ausfällt. Wird hingegen der Lösung ein Zink-, Kalk- oder Magnesiasalz zugesetzt, so fällt stets ein zinkoxyd-, kalk- oder magnesiahaltiges Hyperoxyd.

Unter Berücksichtigung dieser Verhältnisse kann die Manganbestimmung im Eisen derart durchgeführt werden, dass man die alles Eisen als Oxyd, alles Mangan als Oxydul enthaltende Lösung mit Zinkoxyd behandelt, wobei das Eisenoxyd gefällt wird und eine äquivalente Menge Zinkoxyd in Lösung geht. Die Lösung wird dann mit Permanganat titrirt.

Titerstellung. Man bestimmt zunächst den Eisentiter der Chamäleonlösung in bekannter Weise und berechnet daraus den Mangantiter (für Manganoxydul) indem man obiger Gleichung entsprechend $10\,Fe\;(= 2\,K\,Mn\,O_4)\;3\,Mn$ gleichsetzt.

Durchführung. Ca. 4 g der Probe (bei hohem Mangangehalt weniger) werden in Salpetersäure (sp. G. 1,2) gelöst, die Lösung zur Trockene verdampft, und der Rückstand ca. 1 Stunde am Sand- oder Luftbade erhitzt. Hierauf wird derselbe unter Erwärmen in Salzsäure gelöst, 20 ccm Schwefelsäure (1 : 1) zugesetzt, bis zum beginnenden Entweichen von Schwefelsäuredämpfen abgedampft, mit Wasser aufgenommen und in einen Messkolben zu 500 ccm gespült. Man neutralisirt nunmehr den grössten Theil der freien Säure mit kohlensaurem Natron und setzt dann in Wasser fein aufgeschlämmtes, vorher in der Muffel ausgeglühtes Zinkoxyd unter fortwährendem Umschütteln zu, bis die allmählich dunkelbraun werdende Flüssigkeit plötzlich unter Auscheidung des ganzen Eisenoxydes gerinnt. Hierauf füllt man zur Marke und verwendet 100 resp. 250 ccm des klaren Filtrates zur Titration mit Kaliumpermanganatlösung (zweckmässig annähernd $^1/_{10}$ normal).

Die zu titrirende Flüssigkeit wird auf ca. 80^0 erwärmt, und unter kräftigem Schütteln so lange Permanganat zugesetzt, bis die über dem sich rasch absetzenden, flockigen Niederschlag stehende Flüssigkeit röthlich gefärbt erscheint. Man kocht alsdann nochmals auf und setzt, wenn die Färbung wieder verschwunden, noch weiter Permanganat zu, bis eine dauernde schwache Rothfärbung erzielt wird.

Modification von Ulzer und Brüll*). Um die nicht unbeträchtliche Schwierigkeit der Erkennung des Endpunktes der Titration mit Chamäleon zu umgehen, kann man die, wie oben, mit Zinkoxyd vom Eisenoxyd befreite und filtrirte Lösung mit 20 ccm einer 0,5 proc. Wasserstoffsuperoxydlösung versetzen, dann Aetznatron zufügen, so lange noch ein Niederschlag ausfällt, und aufkochen. Das Mangan fällt in Form von $5\,MnO_2\,MnO$ aus. Nach dem Erkalten wird mit Oxalsäurelösung von bekanntem Gehalt versetzt, reine verdünnte Salpetersäure zugefügt und eventuell unter ganz schwachem Erwärmen digerirt, bis sich der Niederschlag wieder gelöst hat. Dann erhitzt man bis nahe zum Kochen und titrirt den Oxalsäure-Ueberschuss mit Permanganat zurück.

d) **Phosphor.** 1—5 g Eisen werden in Salpetersäure (sp. G. 1,2) zuletzt unter Erhitzen gelöst, dann, zur vollen Oxydation des Phosphors mit 25 ccm einer 1 proc. Kaliumpermanganatlösung. versetzt und gekocht. .Zur Lösung des ausfallenden Mangansuperoxyds werden 8—10 g Chlorammonium in wässriger Lösung zugegeben. Die nun bei nochmaligem Kochen klar gewordene Flüssigkeit wird zur Trockene verdampft, und der Rückstand mit 10—20 ccm conc. Salzsäure unter Erwärmen aufgenommen. Man dampft abermals zur Syrupconsistenz ab, setzt 10 ccm Salpetersäure und nach einigen Minuten heisses Wasser hinzu, filtrirt, wäscht mit salpetersäurehaltigem Wasser, neutralisirt nahezu mit Ammoniak, jedoch so, dass die Flüssigkeit noch vollkommen klar bleibt, 'erhitzt die etwa 100 ccm ausmachende Lösung auf ca. 70° und fällt mit 25 ccm Molybdänlösung. Nach zweistündigem Stehen bei ca. 40° wird filtrirt und mit salpetersäurehaltiger, verdünnter Molybdänlösung bis zum Verschwinden der Eisenreaction gewaschen. Der Niederschlag wird dann in bekannter Weise in Ammoniak gelöst und die Phosphorsäure mit Magnesiamixtur gefällt.

e) **Schwefel.** Nach dem älteren Verfahren von Johnston und Landolt bringt man in den Kolben A des nebenstehenden Apparates (Fig. 6) 5 g feingepulvertes Eisen, lässt aus b, bei geschlossenem Hahne g Bromsalzsäure in das mit Glasperlen ge-

---

*) Mittheilungen des k. k. technol. Gew. Mus. Jhrg. 1895, S. 312.

füllte Rohr C fliessen*) und aus dem Trichter c allmählich 5—10 ccm starke Salzsäure in den Kolben eintreten. Der sich entwickelnde Schwefelwasserstoff wird von der Bromsalzsäure zu Schwefelsäure oxydirt. Ist die Bromsalzsäure entfärbt, so lässt man sie durch den Hahn g in den untergestellten Kolben ab- fliessen und aus b neue Bromlösung hinzutreten. Lässt die Gas- entwicklung im Kolben A nach, so bringt man aus c neue Salz-

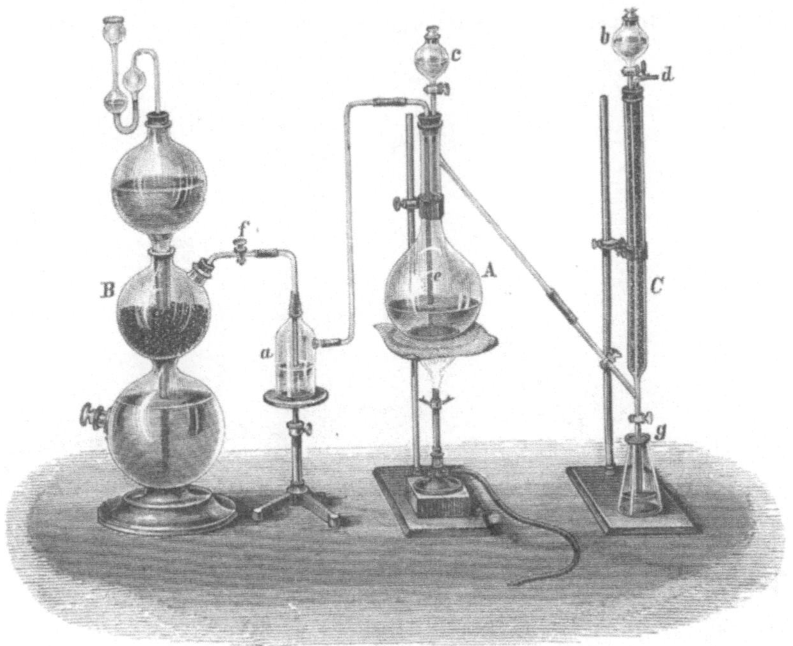

Fig. 6.

Schwefelbestimmungs-Apparat nach Johnston und Landolt.

säure hinzu und erwärmt schliesslich den Kolben unter gleich- zeitigem Durchleiten von Kohlensäure, die im Kipp'schen Apparat entwickelt und in einer mit Quecksilberchlorid gefüllten Wasch- flasche von Schwefelwasserstoff befreit wird. Nachdem bis zum

---

*) An Stelle des Rohres lassen sich sehr vortheilhaft Winkler'sche Absorptionsschlangen anwenden, in welche ebenfalls Bromsalzsäure ge- bracht wird.

Sieden erwärmt worden, lässt man die ganze Bromlösung aus C in den Kolben fliessen, wäscht die Glasperlen mit Wasser nach und verdampft die Flüssigkeit in einer Porzellanschale. Nach dem Verjagen des Broms und der Hauptmenge der Salzsäure verdünnt man mit etwas Wasser, filtrirt und fällt die Schwefelsäure mit Chlorbaryum.

Brom und Salzsäure müssen natürlich vollkommen schwefelsäurefrei sein, wovon man sich vorher überzeugt. Statt der lästigen Bromsalzsäure kann auch eine vollkommen schwefel-

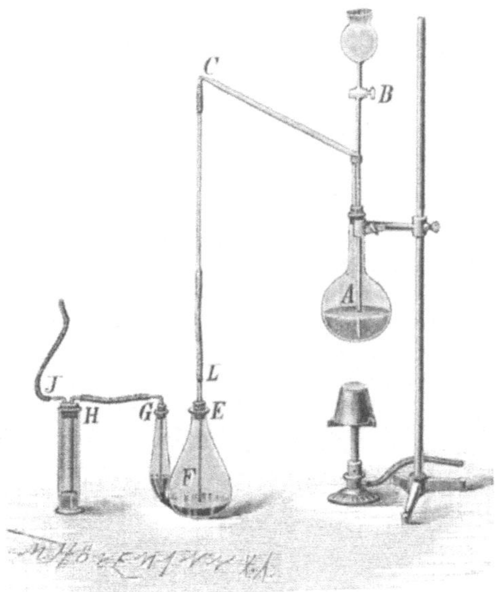

Fig. 7.
Schwefelbestimmungs-Apparat nach Schulte.

säurefreie und ammoniakalische Wasserstoffsuperoxydlösung verwendet werden.

Nach dem neuen, vielfach verwendeten Verfahren von Schulte*) bringt man ca. 10 g der zerkleinerten Eisenprobe in den Kolben A des nebenstehenden Apparates (Fig. 7). Die Vorlage F wird mit 45—50 ccm einer Lösung von 25 g essigsaurem Cadmiumoxyd und 200 ccm Eisessig auf 1 Liter Wasser beschickt,

---

*) Stahl u. Eisen, Jahrg. 1896, S. 865.

und werden von dieser Lösung weitere 10 ccm in das cylindrische Gefäss H gebracht. Der Apparat wird nunmehr in der aus der Zeichnung ersichtlichen Weise zusammengestellt. Hierauf bringt man in die Trichterröhre B 200 ccm Salzsäure (1 : 2) und lässt dieselbe allmählich in den Kolben A einfliessen. Durch langsames Erwärmen des Kolbens wird das Eisen im Verlaufe von $1\frac{1}{2}$ bis $1\frac{3}{4}$ Stunden in Lösung gebracht; hierauf wird gekocht, bis aller Schwefelwasserstoff aus A ausgetrieben ist, was der Fall sein wird, wenn in der Vorlage F durch 1—2 Minuten ein von heissen Wasserdämpfen herrührendes Geräusch vernehmbar war.

Der in die Vorlage F gelangte Schwefelwasserstoff verursacht eine Fällung von Schwefelcadmium, während bei normalem Verlaufe kein Schwefelwasserstoff nach H gelangt. Jedesfalls wird jetzt der Stöpsel E gelüftet und in F eine Menge von 5 bis 7 ccm einer schwefelsäurehältigen Kupfervitriollösung gebracht. Letztere wird bereitet durch Auflösen von 80 g zerkleinertem Kupfervitriol in 750 ccm Wasser, Zufügen von 175 ccm conc. Schwefelsäure, Ergänzen mit Wasser auf 1 Liter und filtriren. Durch den Zusatz dieser Kupfervitriollösung findet ein rasches und vollkommenes Umsetzen des Schwefelcadmiums in Schwefelkupfer statt, welches durch Umschwenken noch beschleunigt wird. Das ausgeschiedene Schwefelkupfer wird abfiltrirt und durch Ueberführen in Kupferoxyd oder Sulfür bestimmt. Auf 1 Kupfer ist auch 1 Schwefel in Rechnung zu ziehen; mithin entsprechen 63,5 Kupfer (= 79,5 Kupferoxyd = derselben Menge Kupfersulfür) 32 Schwefel.

Wurde ausnahmsweise auch in H ein kleiner Niederschlag von Schwefelcadmium gebildet, so ist der Inhalt dieses Gefässes nach F zu übergiessen und dann gemeinsam mit Kupfervitriollösung zu fällen.

2. Zinkblende.

Die wichtigsten Bestimmungen sind die des Schwefels, Zinks und Bleis. Zur Durchführung derselben dienen zweckmässig die nachstehenden, in den Zinkhütten zumeist angewendeten Methoden*).

---

*) Lunge, Taschenbuch für Sodafabrikation etc.

a) **Gesammtschwefel.** 0,5 g der aufs feinste gepulverten Probe werden mit ca. 20 ccm eines Gemisches von 3 Th. conc. Salpetersäure und 1 Th. conc. Salzsäure, oder mit gesättigter Bromsalzsäure übergossen, über Nacht stehen gelassen, fast bis zur Trockene abgedampft, dann einige ccm Salzsäure und 50 ccm heisses Wasser zugesetzt, filtrirt und mit Chlorbaryum gefällt.

b) **Zink.** Nach dem modificirten Schaffner'schen Verfahren werden 2,5 g der fein gepulverten Probe in einem ca. 250 ccm fassenden Erlenmeyer-Kolben mit 12 ccm rauchender Salpetersäure erst in der Kälte, dann unter schwachem Erwärmen bis zum Verschwinden der rothen Dämpfe behandelt, und unter Zusatz von 20—25 ccm conc. Salzsäure am Sandbade zur Trockene verdampft. Der Rückstand wird mit 5 ccm Salzsäure und etwas Wasser aufgenommen, erwärmt bis alles Lösliche gelöst ist, dann 50—60 ccm Wasser zugegeben und wieder auf 60—70 ° erwärmt. Es muss sich dabei alles, bis auf vorhandene Gangart und ausgeschiedenen Schwefel lösen. Nun leitet man einen mässigen Strom Schwefelwasserstoff ein und setzt unter beständigem Schwenken nach und nach 50—100 ccm kaltes Wasser zu, bis alles Blei und Cadmium gefällt ist. Uebermässiges Verdünnen und zu langes Einleiten von Schwefelwasserstoff soll vermieden werden. Man filtrirt, wäscht mit 100 ccm Schwefelwasserstoffwasser, dem 5 ccm Salzsäure zugesetzt wurden, aus, bis ein ablaufender Tropfen mit Schwefelammonium keine Zinkreaction mehr gibt. Filtrat sammt Waschwasser werden zur Vertreibung des Schwefelwasserstoffs gekocht und das Eisenoxydul mit 5 ccm conc. Salpetersäure und 10 ccm Salzsäure oxydirt. Man übergiesst nach einigem Abkühlen in einen Messkolben zu 500 ccm, fügt 100 ccm Ammoniak (sp. G. 0,9—0,91) und 10 ccm einer ganz gesättigten Lösung von käuflichem, kohlensaurem Ammon zu, schwenkt tüchtig um und lässt erkalten.

Unterdessen bereitet man sich eine ammoniakalische Zinklösung von bekanntem Gehalt, „den Titer", indem man eine dem Zinkgehalte des Erzes annähernd entsprechende Menge chemisch reinen Zinks in einem Kolben von 500 ccm Inhalt in 5 ccm Salpetersäure und 20 ccm Salzsäure löst, mit ca. 250 ccm Wasser verdünnt, 100 ccm Ammoniak und 10 ccm einer Lösung von kohlensaurem Ammon (wie oben) zusetzt, umschwenkt und erkalten lässt. (Bei Gegenwart von Mangan setzt man vor dem Ammoniak 10 ccm

Wasserstoffsuperoxyd zu.) Nach vollständigem Erkalten füllt man beide Messkolben zur Marke und filtrirt die Lösung des Erzes durch ein trocknes Faltenfilter. Zur Titrirung pipettirt man von der Erzlösung und dem Titer je 100 ccm in dickwandige Cylinder (Batteriegläser) und verdünnt mit je 200 ccm Wasser. Als Titer-flüssigkeit dient eine conc. Lösung von käuflichem, krystallisirtem Schwefelnatrium, die mit dem 10—20 fachen Wasservolumen ver-dünnt wird und pro ccm 0,005—0,010 g Zink anzeigt. Man lässt sie aus zwei nebeneinander befindlichen 50 ccm Büretten ab-wechselnd in beide Lösungen einfliessen, u. zw. zuerst 2—3 ccm weniger als nöthig, rührt um und bringt mittelst dünner Glasstäbe je einen Tropfen beider Lösungen auf einen Streifen empfindlichen Bleipapieres. Nach 15—20 Secunden spritzt man die Tropfen mittelst kleiner Spritzflasche ab, fährt mit dem Schwefelnatrium-zusatz fort und wiederholt die Proben am Papier bis nach gleich-langer Einwirkung eine schwache, aber deutlich wahrnehmbare Bräunung gleicher Intensität erzeugt wurde. Es ist zweckmässig, das erst erhaltene, meist nur annähernde Resultat durch einen 2., eventuell 3. Versuch zu controliren. Jedenfalls muss die End-reaction in beiden Gläsern gleichmässig auftreten und auf 0,05 ccm abgelesen werden.

Ist die als „Titer" abgewogene Zinkmenge $= a$, die für 100 ccm des „Titers" verbrauchte Anzahl ccm Schwefelnatrium-lösung $= b$, die zur Titrirung von 100 ccm Erzlösung ($= 0,5$ g Erz) verbrauchte Anzahl ccm $= c$, so ist der Procentgehalt an

$$\text{Zink} = \frac{40\ a\ c}{b}.$$

Bei sehr genauen Bestimmungen setzt man dem Titer eine dem Eisengehalte des Erzes entsprechende Menge Eisenchlorid zu, um ein etwaiges Mitreissen von Zink durch Eisenhydroxyd bei beiden Versuchen auszugleichen.

c) **Blei.** Die nach b) gefällten Schwefelmetalle werden, wenn nöthig, mit ziemlich conc. Schwefelnatriumlösung digerirt, verdünnt, filtrirt, der Rückstand sammt Filter in verd. Salpetersäure gelöst, mit einem Ueberschuss von Schwefelsäure abgedampft und das Blei als Bleisulfat bestimmt.

3. Zinkstaub.

Die nachstehend angegebene Methode von Drewsen, modificirt von Fraenkel, soll nur den Reductionswerth ermitteln, und sind daher kleine Mengen von enthaltenem Eisen und Cadmium mitbestimmt und als Zink berechnet.

Die Methode beruht darauf, dass bei der Einwirkung von Schwefelsäure auf Zinkstaub bei Gegenwart überschüssiger Bichromatlösung ein Theil der Chromsäure zu Chromoxyd reducirt wird. Die noch vorhandene Chromsäure wird auf jodometrischem Wege bestimmt und aus der Differenz der Zinkgehalt ermittelt.

Zweckmässig verwendet man eine $1/2$ Normal-Kaliumbichromatlösung (enthaltend 24,58 g reines Salz pro L.) und eine $1/2$ Normal-Hyposulfitlösung, die man auf erstere Lösung genau einstellt.

Zur Durchführung bringt man annähernd 0,5 g Zinkstaub, in eine trockene, ca. $3/4$ L. fassende Stöpselflasche, gibt 50 ccm der Bichromatlösung, dann 5 ccm verdünnte Schwefelsäure (1 : 5) hinzu und schüttelt gut durch. Nach etwa 5 Minuten werden weitere 10 ccm Schwefelsäure zugesetzt und ca. 10 Minuten geschüttelt, wobei meist fast vollkommene Lösung eintritt. Zur Bestimmung der nun noch vorhandenen Chromsäure gibt man 40 ccm Jodkaliumlösung (1 : 10) und weitere 20 ccm Schwefelsäure in die Flasche, wobei starke Jodausscheidung erfolgt ($2 \, Cr \, O_3 = 6 \, J$). Das Jod wird nach dem Verdünnen mit 400—500 ccm Wasser mit Hyposulfit zurücktitrirt.

Zur sicheren Ermittelung des Endpunktes der Reaction sei erwähnt, dass man zunächst zu der durch das Jod braungefärbten Lösung Hyposulfit zusetzt, bis die Flüssigkeit gelbgrün geworden. Nun erfolgt ein Zusatz von Stärkekleister, wodurch die Lösnng tiefgrün wird. Bei weiterer, vorsichtiger Titration geht die Farbe in ein immer tieferes Blaugrün über, bis schliesslich die verhältnissmässig schwachgrüne Färbung der Chromoxydsalzlösung erhalten wird und damit die Titration beendet ist. Bei einiger Uebung kann der Endpunkt sehr scharf erkannt werden.

Die Differenz zwischen der zugesetzten Menge Bichromatlösung und der zum Zurücktitriren verbrauchten Menge Hyposulfitlösung, gibt die vom Zink reducirte Quantität Chromsäure an, aus welcher der Zinkgehalt berechnet wird.

$$(1 \, K_2 \, Cr_2 \, O_7 = 6 \, J = 3 \, Zn).$$

4. Werk- und Raffinadekupfer.

Der chemischen Zusammensetzung genannter Kupfersorten wird bei der technischen Beurtheilung derselben neuerdings wieder grösserer Werth beigelegt. Bei Lieferungen für Bahnen beispielsweise werden bestimmte Forderungen nach dieser Richtung gestellt. Infolge dessen sind Kupfersorten nicht selten Gegenstand der quantitativen chemischen Analyse. Bei der Reichhaltigkeit an Beimengungen, die meist in sehr geringen Quantitäten enthalten sind, bietet die Analyse nicht geringe Schwierigkeiten. Die sehr zuverlässige Methode von Fresenius erscheint auch dann als die einfachste, wenn eine genaue Gesammtanalyse gewünscht wird*). Die Durchführung der Methode sei hier mit einigen kleinen Modificationen (nach Fraenkel) angeführt.

Die zu bestimmenden, fremden Elemente sind die folgenden: Silber, Blei, Arsen, Antimon, Zinn, Wismuth, Eisen, Kobalt, Nickel, Zink, Schwefel, Phosphor und Sauerstoff. Von einer Bestimmung des Goldes kann meist abgesehen werden: Der Gehalt an Kupfer wird mit genügender Genauigkeit aus der Differenz ermittelt.

Zur Untersuchung werden 100 g des durch Bohren oder Hobeln zerkleinerten und mittelst eines Magneten von beigemengten Eisentheilen befreiten Kupfers in Salpetersäure von der Dichte 1,20 gelöst. Die Lösung erfolgt zweckmässig in einem etwa 1 L. fassenden Becherglas, die Salpetersäure wird allmählich zugesetzt, zum Schlusse bis zur beendeten Einwirkung erwärmt. Man verdünnt mit Wasser, filtrirt in einen 2 L. fassenden Messkolben, wäscht mit heissem Wasser aus und stellt den noch nicht zur Marke angefüllten Kolben (A) verschlossen bei Seite.

Der Rückstand wird vom Filter in einen Porzellantiegel gespritzt, dort zur Trockene verdampft, die Filterasche zugegeben und mit einem Gemenge von Soda und Schwefel geschmolzen. Die erkaltete Schmelze wird mit heissem Wasser ausgelaugt, in einen 200 ccm fassenden Messkolben filtrirt und mit Wasser, dem etwas Schwefelnatrium zugefügt wird, gewaschen. Das zur Marke

---

*) Für alleinige Bestimmung des Kupfergehaltes ist das elektrolytische Verfahren weitaus zweckmässiger.

aufgefüllte Filtrat (B) wird ebenfalls verschlossen aufbewahrt. Den Rückstand (C) erwärmt man sammt Filter mit Salpetersäure (1 : 1), verdünnt mit Wasser, filtrirt neuerdings und bringt das Filtrat in den Kolben (A), den man dann ebenfalls bis zur Marke füllt.

Vom Inhalte dieses Kolbens werden nun 1000 ccm zur Bestimmung von Silber, Blei, Wismuth, Arsen, Zinn, Antimon, Eisen, Nickel, Kobalt und Zink verwendet, und der Rest der Lösung aufbewahrt. Diese 1000 ccm entsprechen der Hälfte der ursprünglich verwendeten Substanzmenge. Sie werden in einem Becherglas mit etwa 4 Tropfen conc. Salzsäure versetzt, falls eine Trübung entsteht, erwärmt und umgerührt, bis die Flüssigkeit nahezu klar erscheint, dann das ausgeschiedene Chlorsilber abfiltrirt, gewaschen, und das Silber wie gewöhnlich bestimmt.

Zur Bestimmung des Bleies setzt man zum Filtrat 85 g conc. Schwefelsäure, verdampft bis zur vollen Verflüchtigung der Salpetersäure am Wasserbade, löst das gebildete schwefelsaure Kupferoxyd durch Erwärmen mit Wasser, filtrirt das ungelöst gebliebene Bleisulfat ab, wäscht erst mit schwefelsäurehaltigem Wasser, dann in ein gesondertes Gefäss mit verdünntem Alkohol und bestimmt das Blei auf bekannte Weise.

Das Filtrat vom Bleisulfat wird erwärmt und in eine etwa 5 L. fassende, vorher gewogene Flasche (D) gebracht, in die man noch so viel heisses Wasser giesst, dass das Gesammtvolumen 3 — 4 L. beträgt. Dann werden ca. 50 ccm conc. Salzsäure zugegeben und bis zur vollständigen Fällung (die sich am raschen Absetzen des Niederschlages und an einer ganz ungefärbten, darüber stehenden Flüssigkeit erkennen lässt) ein starker Strom von Schwefelwasserstoff anhaltend durchgeleitet. Der Niederschlag (E) enthält alles Kupfer, dann Wismuth, Arsen, Antimon und Zinn. Eisen, Nickel, Kobalt und Zink bleiben in Lösung. Flasche sammt Lösung und Niederschlag werden gewogen, das Gewicht der leeren Flasche in Abrechnung gebracht und so jenes von Lösung und Niederschlag ermittelt. Das Gewicht des Niederschlages ergibt sich durch Umrechnung der darin enthaltenen Kupfermenge auf Schwefelkupfer; wird auch dieses abgezogen, so erfährt man das Gewicht der Lösung allein. Sobald der Niederschlag sich gut zu Boden gesetzt hat, wird mittelst eines Hebers ein möglichst grosses Quantum der klaren Lösung abgezogen. Wägt man den Rest der Flüssigkeit sammt Niederschlag und Flasche und bildet die Differenz vom früheren Gewichte, so erfährt man die Menge der abgeheberten Flüssigkeit; durch einfache Proportion lässt sich die dem abgeheberten Theil entsprechende ursprüngliche Substanzmenge berechnen.

Die, wenn nöthig, filtrirte Flüssigkeit dient zur Bestimmung von Eisen, Nickel, Kobalt und Zink. Dieselbe wird zu diesem Zwecke in einer Porzellanschale soweit als möglich am Wasserbad abgedampft, dann die überschüssige Schwefelsäure fast vollkommen auf freier Flamme abgeraucht, der Rückstand mit etwas Wasser und Salpetersäure erwärmt, filtrirt, mit Ammoniak im Ueberschuss versetzt, der ausgefallene Niederschlag neuerdings in Salzsäure gelöst und mit Ammoniak gefällt, dies, wenn nothwendig, nochmals wiederholt und schliesslich der Niederschlag als Eisenoxyd gewogen. Die gesammelten Filtrate werden mit weiterem Ammoniak versetzt, dann Essigsäure bis zur sauren Reaction zugegeben und in der Wärme Schwefelwasserstoff eingeleitet. Kobalt, Nickel und Zink werden gefällt. Man filtrirt ab, trocknet, bringt den Niederschlag so gut als möglich vom Filter, löst ihn in Salpetersäure unter Zusatz von etwas Salzsäure, fügt die Filterasche hinzu, verdampft am Wasserbade, nimmt mit Wasser und wenig Salzsäure auf, neutralisirt genau mit kohlensaurem Natron (zweckmässig unter Anwendung von Methylorange als Indicator) und leitet einen schwachen Strom von Schwefelwasserstoff durch kurze Zeit ein. Dann setzt man einige Tropfen einer verdünnten und zweckmässig ganz schwach alkalischen Lösung von Natriumacetat zu, wobei eine merkliche Schwärzung des Niederschlages nicht eintreten darf, leitet nochmals durch wenige Minuten einen ganz schwachen Schwefelwasserstoff-Strom durch, lässt das gefällte Schwefelzink durch mehrere Stunden absitzen, filtrirt durch ein doppeltes Filter, wäscht mit schwefelwasserstoffhaltigem Wasser aus und bestimmt das Zink in bekannter Weise als Schwefelzink.

Das Filtrat vom Zink wird zur Vertreibung des Schwefelwasserstoffes am besten vollends abgedampft, der Rückstand mit etwas Salzsäure und Wasser aufgenommen, wenn nöthig filtrirt, dann mit überschüssiger Kalilauge Kobalt und Nickel gefällt, und zunächst beide Metalle gemeinsam bestimmt. Sollte eine

Trennung gewünscht werden, was bei dem meist sehr überwiegenden Gehalt an Nickel in der Regel nicht erforderlich sein wird, so geschieht diese nach einer der üblichen Methoden.

Zu dem in der Flasche (D) verbliebenen Rest von Flüssigkeit und Niederschlag (E) setzt man Kali- oder Natronlauge bis zur stark alkalischen Reaction, fügt dann eine schwach gelbe Lösung von Schwefelkalium oder Natrium in genügender Menge zu, bringt ferner 100 ccm (gleich der Hälfte) der im Kolben (B) befindlichen Lösung dazu, stellt nun die Flasche an einen warmen Ort, schüttelt öfters gut durch, um alles Schwefelantimon, Schwefelzinn und Schwefelarsen in Lösung zu bringen, verdünnt dann mit Wasser wieder auf 3—4 L., wägt, zieht von der klaren Lösung einen möglichst grossen Antheil ab, wägt den Rest sammt Flasche und Niederschlag zurück und berechnet wie früher die der abgehebeten Flüssigkeitsmenge entsprechende Menge von Kupfer. Flasche sammt Niederschlag werden aufbewahrt.

Zur Bestimmung von Antimon, Zinn und Arsen wird die, wenn nöthig, filtrirte Flüssigkeit mit Salzsäure angesäuert; es fallen die genannten Sulfide gemengt mit sehr viel Schwefel aus. Der Niederschlag wird nach längerem Absitzen filtrirt, gewaschen und getrocknet. Hierauf bringt man ihn sammt Filter in einen Kolben und extrahirt mit Schwefelkohlenstoff die Hauptmenge des enthaltenen Schwefels. Die Lösung wird abfiltrirt, der Rückstand sammt den beiden Filtern mit verdünntem Schwefelammonium erwärmt, wobei die Sulfide in Lösung gehen. Nachdem auch diese Lösung filtrirt, und die Filter gut ausgewaschen worden, erwärmt man dieselbe etwas und setzt reines Wasserstoffsuperoxyd zu, bis die gelbe Farbe verschwunden, und mithin sämmtlicher Schwefel oxydirt ist. Nun verdampft man in einem geräumigen Porzellantiegel zur Trockene, oxydirt vorsichtig mit rauchender Salpetersäure, dampft dieselbe nachher möglichst vollkommen ab, setzt Kalilauge bis zur deutlich alkalischen Reaction zu und überspült in einen grösseren Silbertiegel. Man bringt in den Silbertiegel einige Stücke von festem Aetznatron, erhitzt recht vorsichtig am Sandbad, bis alles Wasser entfernt ist, und bringt allmählich den Rückstand zum anhaltenden Schmelzen, zuletzt über freier Flamme. Nun wird der ganz licht gewordene Tiegelinhalt mit Wasser ausgelaugt, bis die unlöslichen Theile in feiner, pulveriger Form abgeschieden sind, dann beiläufig das halbe Volumen Alkohol zugesetzt. Man lässt in bedeckter Schale circa 24 Stunden stehen und rührt des Oefteren um. Das ungelöst gebliebene antimonsaure Natron wird abfiltrirt und mit einem Gemenge von 1 Theil Wasser und 1 Theil Alkohol, dem man einige Tropfen einer Lösung von Aetznatron zusetzt, gewaschen. Zinn- und arsensaures Natron befinden sich im Filtrat (F).

Der Niederschlag von antimonsaurem Natron wird am Filter wiederholt mit einer warmen Lösung von Weinsäure in verdünnter Salzsäure übergossen, bis alles Lösliche gelöst ist, die Lösung mit Wasser verdünnt und in der Wärme Schwefelwasserstoff eingeleitet. Es fällt orangefarbiges Schwefelantimon. (Sollte der Niederschlag durch kleine Mengen von aus dem Silbertiegel herrührendem Schwefelsilber dunkel gefärbt sein, so erwärmt man mit Schwefelammonium, filtrirt von dem geringen Rückstand ab und fällt neuerdings mit Salzsäure aus.) Man vertreibt den Schwefelwasserstoff, indem man Kohlensäure durch den Fällungskolben leitet, filtrirt dann auf ein getrocknetes und gewogenes Filter, wäscht, trocknet wieder und wägt. Um die letzten Antheile von Wasser und Schwefel zu entfernen, bringt man, wenn grössere Mengen Schwefelantimon gefällt wurden, einen aliquoten Theil des getrockneten Niederschlages in ein Porzellanschiffchen, schiebt dieses in eine Glasröhre, erhitzt mässig im Kohlensäurestrom und erhält dann reines, grau-schwarzes Dreifach-Schwefelantimon. Bei sehr geringen Mengen genügt es, den getrockneten Niederschlag am Filter wiederholt mit Schwefelkohlenstoff zu waschen und nach dem Trocknen zu wägen.

Zum Filtrat (F) setzt man Salzsäure bis zur sauren Reaction; dabei fällt zuweilen ein weisser Niederschlag von arsensaurem Zinn. Unbekümmert darum leitet man nunmehr Schwefelwasserstoff ein, wobei Zinn und Arsen niedergeschlagen werden. Man filtrirt diese auf ein getrocknetes, gewogenes Filter, wäscht mit schwefelwasserstoffhältigem Wasser, trocknet wieder und wägt. Eine Trennung von Zinn und Arsen wird mit dem Niederschlage, der meist noch beträchtlichere Mengen Schwefel enthält, in folgender Weise vorgenommen. Einen aliquoten Theil desselben bringt man in eine auf einer Seite rechtwinkelig umgebogene Kugelröhre. Der gerade Theil derselben steht mit einem Schwefelwasserstoff-Apparat nebst Chlorcalciumrohr zum Trocknen in Verbindung. Der gebogene Theil wird mittelst Kautschukstöpsels in eine mit Ammoniak (circa 1 : 2) gefüllte Pelligotröhre gesteckt; diese Röhre kann eventuell noch mit einem zweiten Absorptionsgefäss in Verbindung stehen. Nun wird das Kugelrohr im Schwefelwasserstoffstrom erhitzt; es entweicht Schwefelarsen und Schwefel, die von dem Ammoniak zurückgehalten werden, während Schwefelzinn in der Kugel verbleibt. Man entfernt die Kugelröhre, leitet durch dieselbe einen trockenen Luftstrom und erhitzt ziemlich lebhaft; das Schwefelzinn wird in Zinnoxyd verwandelt, welches nach dem Erkalten gewogen und daraus der Zinngehalt berechnet wird.

Die Lösung von Schwefelarsen wird in ein Becherglas gespült, mit Salzsäure angesäuert, dann etwas chlorsaures Kali zugegeben und mässig erwärmt. Schwefelarsen geht in Lösung, von zurückgebliebenem Schwefel wird abfiltrirt, das Arsen im Filtrat in bekannter Weise als pyroarsensaure Magnesia bestimmt und der Arsengehalt berechnet.

Zur Bestimmung des Wismuths wird der in der Flasche D verbliebene Rest von Flüssigkeit sammt Niederschlag wiederholt mit etwas Schwefelnatrium haltigem Wasser in grösserer Menge versetzt, umgeschüttelt, und die Flüssigkeit möglichst abgezogen. Dann wird der Rückstand mit Salzsäure übergossen, allmählich Salpetersäure zugegeben und an einem warmen Orte stehen gelassen. Es erfolgt allmähliche Lösung des Niederschlages unter Ausscheidung von reinem Schwefel. (Bei zu energischer Einwirkung hält der Schwefel Schwefelkupfer eingeschlossen.) Man filtrirt von dem Schwefel ab, wäscht aus, verdampft die Lösung unter wiederholtem Zusatz von Salzsäure, bis diese möglichst vollkommen vertrieben, nimmt mit Wasser auf und filtrirt die geringe Menge des gebliebenen Rückstandes ab. Derselbe besteht wesentlich aus basischem Wismuthchlorid. Zur Reinigung wird er zunächst in verdünnter Salzsäure gelöst, dann mit Kalilauge bis zur alkalischen Reaction versetzt, Cyankalium zugegeben, das Wismuth mit Schwefelnatrium gefällt, während Schwefelkupfer durch Cyankalium gelöst bleibt. Der Niederschlag wird auf ein getrocknetes, gewogenes Filter filtrirt, getrocknet, wiederholt mit Schwefelkohlenstoff ausgewaschen und endlich als Schwefelwismuth gewogen.

Zur Bestimmung des Schwefels werden 400 ccm der im Kolben (A) verbliebenen Flüssigkeit mit Ammoniak versetzt, bis der grösste Theil der freien Salpetersäure abgestumpft ist, dann einige Tropfen einer Lösung von salpetersaurem Baryt zugegeben und längere Zeit an einem warmen Orte stehen gelassen. Bei Anwesenheit irgend erheblicher Spuren von Schwefelsäure (selbe war im Kupfer vermuthlich in Form von schwefliger Säure vorhanden) entsteht ein geringer Niederschlag von schwefelsaurem Baryt, der abfiltrirt und bestimmt wird.

In weiteren 400 ccm der noch im Kolben A vorhandenen Flüssigkeit bestimmt man den Gehalt an Phosphor.

Man verdampft zu diesem Zwecke wiederholt mit Salzsäure, um die Salpetersäure zu entfernen, löst den Rückstand in heissem Wasser, bringt die Lösung in eine ca. 2 Liter fassende, gewogene Flasche und verdünnt mit heissem Wasser auf etwa 1200 ccm. Die ca. 70° warme Flüssigkeit fällt man vollständig mit Schwefelwasserstoff, lässt absitzen, zieht soviel als möglich von der klaren Lösung ab, wägt die Flasche sammt Niederschlag und Rest der Lösung und erfährt so wie früher die der abgeheberten Flüssigkeit entsprechende Kupfermenge. Die Flüssigkeit wird abfiltrirt, unter wiederholtem Zusatz von Salpetersäure auf einen kleinen Rest abgedampft, und die Phosphorsäure in bekannter Weise bestimmt. (Siehe auch Kapitel V, Düngemittel.)

Zur Bestimmung des im Werkkupfer enthaltenen Sauerstoffs, der theils mit Metallen, theils mit Schwefel zu Oxyden verbunden ist, bedient man sich der Methode von Hampe. Das völlig blanke Kupfer wird zunächst gefeilt, durch ein Haarsieb gesiebt, beigemengte Eisentheilchen mit einem Magneten ausgezogen und das Kupferpulver mit verdünnter Kalilauge gekocht, um Spuren von Fett etc. zu entfernen. Die Lauge wird abgegossen, das Kupfer ausgewaschen und rasch getrocknet.

Die Sauerstoffbestimmung geschieht durch Ermittlung der Gewichtsabnahme beim Glühen im Wasserstoffstrom. Zur Reduction dient eine an beiden Enden ausgezogene, schwer schmelzbare Kugelröhre. Selbe wird zuerst in einem Strome trockener Luft erhitzt, darin erkalten gelassen und gewogen. Man bringt dann das getrocknete Kupferpulver (10 — 20 g) in die Röhre und wägt wieder. Nunmehr leitet man reine, trockene Kohlensäure, welche einem Kipp'schen Apparate entnommen wird, durch die Röhre. Der Apparat wird schon zwei Stunden vor dem Gebrauche in Thätigkeit gesetzt, und die Kohlensäure zur Reinigung und Trocknung durch eine Lösung von Natriumbicarbonat, dann durch eine mit festem Bicarbonat beschickte

Röhre, eine gelöstes Silbernitrat enthaltende Waschflasche, eine mit letzterer Lösung getränkte Bimssteinstücke enthaltende Röhre, eine conc. Schwefelsäure enthaltende Waschflasche und schliesslich durch eine Chlorcalciumröhre geleitet. Man lässt die Kohlensäure etwa 5 Minuten die das Kupfer enthaltende Kugelröhre durchstreichen und erhitzt diese dann ganz mässig, um jede Spur von Feuchtigkeit zu vertreiben. Bei zu starkem Erhitzen kann sich ein Anflug von arseniger Säure bilden. Brenzliche Producte dürfen nicht entweichen.

Nach dem Erkalten im Kohlensäurestrom verdrängt man die Kohlensäure durch trockene Luft und wägt die Röhre. Die Gewichtsabnahme darf nur wenige Milligramme betragen. Nun lässt man einen ganz langsamen Strom reinen Wasserstoffgases über das Kupfer streichen, erhitzt anfangs schwach, später zum vollen Glühen des Kupfers und erhält etwa 15 Minuten im Glühen. Während des Erhitzens bildet sich Wasser und bei unreinem Kupfer im oberen Theil der Kugel und dicht hinter ihr ein schwarzes Sublimat von etwas Arsen, Antimon und Blei. Dieses darf auf keinen Fall aus der Röhre entweichen, weshalb das Röhrenende genügend lang und der Wasserstoffstrom entsprechend langsam geführt werden muss.

Enthält das Kupfer schweflige Säure, so entweicht mit den Wasserdämpfen etwas Schwefelwasserstoff. Um dessen Menge zu erfahren, leitet man das Gas durch alkalische Bleilösung oder Bromsalzsäure und bestimmt in denselben die aus dem Schwefelwasserstoff entstandene Schwefelsäure.

Nach vollem Erkalten des Kupfers im Wasserstoffstrom leitet man wieder trockene Luft durch die Röhre und wägt. Die Gewichtsabnahme vermindert um die als Schwefelwasserstoff entwichene Schwefelmenge gibt die Menge des Sauerstoffs an.

IV. Legirungen.

1. Phosphorbronce.

Dieselbe enthält stets Kupfer, Zinn und Phosphor, häufig auch Blei und Zink. Doch ist die Gegenwart anderer Bestandtheile, wie Arsen, Eisen nicht ausgeschlossen*), weshalb jedesfalls eine qualitative Analyse zuerst vorgenommen werden soll.

Zur quantitativen Untersuchung werden circa 3 g der zerkleinerten Legirung in einem Becherglas mit etwas Wasser übergossen und dann vorsichtig conc. Salpetersäure zugegeben, wobei unter Erwärmen Zersetzung stattfindet. Selbe kann durch Erhitzen mit kleiner Flamme beendet werden. Man dampft in einer Porzellanschale zur Trockene, nimmt mit etwas Salpetersäure auf, verdünnt mit Wasser, filtrirt und wäscht mit heissem Wasser aus (Rückstand A, Filtrat B).

Der Rückstand (A) enthält alles Zinn, ferner den ganzen Phosphor (als phosphorsaures Zinnoxyd), sowie kleine Mengen von Kupfer eventuell auch von Blei. Er wird geglüht und gewogen. Hierauf schliesst man ihn im Porzellantiegel mit Soda und Schwefel auf, behandelt die Schmelze mit heissem Wasser, filtrirt den kleinen Rückstand ab und bestimmt ihn entweder direct als Kupfersulfür, durch Glühen mit Schwefel im Wasserstoffstrom oder nimmt, wenn erforderlich, noch eine Trennung von Kupfer und Blei durch Abscheidung des Bleis mit Schwefelsäure in salpetersaurer Lösung vor. Das die Phosphorsäure und das Zinn enthaltende Filtrat säuert man mit Salzsäure an, filtrirt vom ausgeschiedenen Schwefelzinn ab, verdampft das Filtrat am Wasserbade zur Trockene, nimmt mit Salpetersäure auf, fällt die Phosphorsäure mit Molybdänlösung und verfährt weiter in bekannter

---

*) Auf die Anwesenheit dieser Körper ist bei dem folgenden Verfahren der quantitativen Analyse nicht Rücksicht genommen.

Weise. Die auf Kupferoxyd und Phosphorsäureanhydrid umgerechneten Mengen von Kupfer und Phosphor werden vom Gesammtrückstand abgezogen, der Rest als Zinnoxyd in Rechnung gebracht.

Das Filtrat B wird zunächst zur Abscheidung des Blei's mit Schwefelsäure versetzt, bis zum vollen Entweichen der Salpetersäure abgedampft, mit Wasser aufgenommen, das Bleisulfat abfiltrirt und nach dem Waschen mit schwefelsäurehaltigem Wasser und mit Alkohol, geglüht und gewogen. Das Filtrat vom Bleisulfat bringt man in einen Messkolben von 250 ccm, füllt auf die Marke, bestimmt in 50 ccm das Kupfer durch Fällen mit Schwefelwasserstoff als Sulfür, während in den verbleibenden 200 ccm die übrigen in geringerer Menge vorhandenen Metalle bestimmt werden können. Zu diesem Zweck fällt man zunächst das Kupfer ebenfalls mit Schwefelwasserstoff aus, filtrirt, verdampft das Filtrat zur Trockene, nimmt mit einigen Tropfen Salzsäure auf, neutralisirt genau mit kohlensaurem Natron und leitet Schwefelwasserstoff ein. Es fällt Schwefelzink aus. Durch Zusatz einiger Tropfen einer verdünnten Lösung von Natriumacetat und nochmaliges, kurzes Einleiten von Schwefelwasserstoff wird dessen Fällung vervollständigt. Man filtrirt nach mehrstündigem Stehen ab, und bestimmt das Schwefelzink, indem man es mit Schwefel gemengt im Wasserstoffstrom glüht.

Zu der im Filtrat B gefundenen Kupfermenge ist jene zuzurechnen, welche im Rückstand A enthalten war. Das Gleiche gilt für das im Rückstande etwa bestimmte Blei.

2. Lager-Weissmetalle.

Dieselben enthalten in der Regel Zinn als Hauptbestandtheil, daneben meist Antimon oder auch Zink. Kupfer und Blei sind oft in geringer, zuweilen in grosser Menge vorhanden. Auch Arsen, Quecksilber, Nickel, Eisen können sich vorfinden.

Wir besprechen die quantitative Untersuchung für den Fall des Vorhandenseins von Zinn, Antimon, Kupfer, Blei und Zink.

1 — 2 g der Legirung werden, wie früher angegeben, in Salpetersäure gelöst, nahe zur Trockene verdampft, mit verdünnter Salpetersäure aufgenommen, filtrirt und mit Wasser, dem man

zweckmässig etwas salpetersaures Ammon zusetzt, gewaschen (Filtrat A, Rückstand B).

Das Filtrat A enthält Kupfer, Blei und Zink, deren Trennung so, wie für Phosphorbronce angegeben, vorgenommen wird.

Der Rückstand B enthält alles Zinn und Antimon, ferner geringe Mengen von Kupfer, Blei, eventuell Zink. Er wird getrocknet, geglüht und gewogen.

Einen abgewogenen Theil desselben schmilzt man mit Soda und Schwefel, laugt die Schmelze mit Wasser aus und filtrirt. Ist der verbleibende Rückstand sehr gering, so kann er direct mit Schwefel gemengt, im Wasserstoffstrom geglüht und als Sulfid jenes der drei Metalle (Kupfer, Blei, Zink) angenommen werden, welches sich in demselben qualitativ am deutlichsten nachweisen lässt, oder welches im Filtrat A quantitativ vorwiegt. Ist er beträchtlicher, so löst man ihn in heisser, verdünnter Salpetersäure und trennt und bestimmt die einzelnen Bestandtheile. Bringt man deren Menge (in Form der Oxyde) von der zum Aufschliessen verwendeten Substanz in Abrechnung, so verbleiben Zinnoxyd und Antimontetroxyd ($Sn\,O_2$ und $Sb_2\,O_4$), die man vom aliquoten Theil auf den Gesammtrückstand umrechnet.

Zur Trennung von Zinn und Antimon wird ein weiterer Theil des Rückstandes B im Silbertiegel mit Aetznatron geschmolzen, die Schmelze mit Wasser ausgelaugt, bis das Ungelöste feinpulverig erscheint, das halbe Volumen Alkohol zugesetzt und unter öfterem Umrühren 24 Stunden stehen gelassen. Dann wird filtrirt und mit verdünntem Alkohol (1:2) gewaschen. Das am Filter verbleibende antimonsaure Natron enthält die geringen Kupfermengen beigemischt, während die kleinen Quantitäten Blei (eventuell Zink) sich in der Lösung beim Zinn befinden und durch vorsichtigen Zusatz von Schwefelnatrium gefällt werden können. Nach dem Filtriren von dem geringfügigen Niederschlag erfolgt die Abscheidung des Schwefelzinns mit Salzsäure und dessen quantitative Bestimmung als Zinndioxyd durch vorsichtiges Rösten und Abrauchen mit Ammoniumcarbonat. Wird dessen Menge auf den Gesammtrückstand umgerechnet und von der vorher ermittelten Summe von Zinnoxyd und Antimontetroxyd abgerechnet, so erhält man das Antimontetroxyd und daraus das Antimon.

3. Eisenlegirungen.

Ausser den bei der Untersuchung des Eisens erwähnten Bei-mengungen wird dasselbe zur Erzielung besonderer Eigenschaften, insbesondere Härte und Festigkeit, mit verschiedenen Metallen, vorzugsweise Chrom, Wolfram, Titan, Aluminium, Nickel legirt. So enthalten beispielsweise durchschnittlich: Wolframstahl 9% W, Chromstahl $2—4\%$ Cr, Ferrochrom $29—49\%$ Cr, Ferroalu-minium $6,8—10\%$ Al und Nickelstahl $8—10\%$ Ni. Als Beispiele für die Untersuchung derartiger Legirungen seien die des Ferro-chroms und Nickelstahls, hinsichtlich der Chrom- und Nickel-bestimmung beschrieben.

Ferrochrom. 1—4 g der möglichst fein gepulverten Probe wer-den in einem grossen Becherglas mit 500 ccm Wasser und 50 ccm Schwefelsäure (1 : 1) $^{1}/_{4}$ Stunde gekocht. In der Regel ist dann alles gelöst. Bleibt auch nach längerem Kochen ein Rückstand, so filtrirt man ihn ab, wäscht aus, verascht in einer Platinschale und schmilzt mit einem Gemenge von 2 Theilen geschmolzenem Borax und 3 Theilen Soda drei Stunden bei starker Hitze, am besten in einer Muffel. Die Schmelze wird in Wasser gelöst, mit Schwefelsäure angesäuert, und die Lösung zum ersten Filtrat gesetzt.

Die vereinigten Filtrate werden zum Kochen erhitzt, und zu denselben eine conc. Permanganatlösung bis zur Rothfärbung ge-setzt. Den Ueberschuss von Permanganat reducirt man mit etwas schwefelsaurem Manganoxydul, spült in einen Literkolben, füllt nach dem Erkalten zur Marke, mischt gut durch und filtrirt durch ein Faltenfilter. Von dem selbst bei geringen Mengen von Chrom deutlich gelb gefärbten Filtrate wird ein aliquoter Theil mit 50 oder 100 ccm einer Ferroammonsulfatlösung (enthaltend 20 g des Salzes und 10 ccm Schwefelsäure 1 : 1 auf 1 Liter) versetzt und der Ueberschuss des Eisenoxyduls mit $^{1}/_{10}$ Normal - Permanganat-lösung zurücktitrirt. Gleichzeitig wird dieselbe Menge der Ferro-ammonsulfatlösung mit Permanganat titrirt und von der jetzt ver-brauchten Permanganatmenge die frühere abgezogen. Die Diffe-renz entspricht dem durch die Chromsäure oxydirten Eisenoxy-dul, aus welchem der Chromsäuregehalt leicht berechnet werden kann (2 Cr O_3 = 6 Fe O).

Nickelstahl. 2—4 g der Probe werden in Salpetersäure

(sp. G. 1,2) gelöst, nach dem Lösen 10 — 20 ccm Schwefelsäure 1 : 1 zugesetzt und bis zum beginnenden Abrauchen der Schwefelsäure abgedampft. Der Rückstand wird in Wasser gelöst und die Lösung allmählich in einen 500 ccm-Kolben gegossen, in welchen vorher 50 ccm Ammonsulfatlösung (enthaltend 500 g des Salzes auf 1 Liter Wasser) und 130 ccm conc. Ammoniak gebracht wurden. Man füllt alsdann zur Marke, mischt gut durch und filtrirt durch ein Faltenfilter. Vom Filtrat werden 250 ccm genommen und in diesen das Nickel entweder electrolytisch oder durch Fällung mit Schwefelammonium (resp. mit Schwefelwasserstoff in mit Essigsäure schwach angesäuerter Lösung bestimmt*). Enthielt der Nickelstahl Kupfer, so findet sich dieses ebenfalls in der ammoniakalischen Lösung. Durch Fällung der mit Salzsäure stark angesäuerten Lösung mit Schwefelwasserstoff kann das Kupfer entfernt werden. Im Filtrate wird dann die Nickelbestimmung durchgeführt.

---

*) Im letzteren Falle wird der Niederschlag von Schwefelnickel in Salzsäure unter Zusatz von etwas Salpetersäure oder chlorsaurem Kali gelöst, dann das Nickel mit Kalilauge gefällt und schliesslich durch Reduction im Wasserstoffstrom in metallisches Nickel übergeführt.

V. Düngemittel.

Dieselben können nach dem wirksamen Bestandtheil in drei Gruppen getheilt werden: 1. Phosphatdünger, 2. Kalidünger, 3. Stickstoffdünger. Ueberdies werden auch gemischte Dünger verwendet, die alle drei Bestandtheile enthalten können.

Für die Bestimmung der Phosphorsäure, des Kalis und des Stickstoffs existiren vereinbarte Methoden, die zunächst angeführt seien.

a) Phosphorsäure.

Sie kann gewichts- oder maassanalytisch bestimmt werden. Die gewichtsanalytischen Methoden sind die Molybdän- und Citratmethode; bei beiden erfolgt die schliessliche Bestimmung in Form von pyrophosphorsaurer Magnesia. Maassanalytisch wird die Titration mit Uranacetat angewendet.

α) Molybdänmethode. Man trennt von den vorhandenen Basen mit molybdänsaurem Ammon, wobei alle Phosphorsäure in Form einer nicht constant zusammengesetzten Verbindung ausfällt, und bestimmt in dieser die Phosphorsäure.

Zur Durchführung versetzt man die phosphorsäurehältige Lösung, die nicht mehr als 0,2 g P_2O_5 enthalten soll, mit 200 ccm Molybdänlösung und erhält 15—30 Minuten auf 70—80° C. Nach dreistündigem Stehen wird die über dem Niederschlag stehende Lösung filtrirt, der möglichst vollkommen im Becherglas verbliebene Rückstand mit einer 15 proc. Lösung von Ammoniumnitrat, die pr. Liter noch 10 ccm Salpetersäure enthält, gewaschen, und das Waschwasser auf dasselbe Filter gebracht.

Nun stellt man das die Hauptmenge des Niederschlags enthaltende Becherglas unter den Trichter, übergiesst das Filter mit einer warmen, $2^1/_2$ proc. Ammonlösung in solcher Menge, dass der auf dem Filter befindliche Niederschlag eben gelöst wird. Dann wäscht man mit kaltem Ammon derselben Concentration nach, bis ein Tropfen des Filtrats nach dem Ansäuern mit Salzsäure auf einer Porzellanplatte mit gelbem Blutlaugensalz keine Rothfärbung mehr erkennen lässt (Molybdänsäureaction). Die Menge des verwendeten Ammoniaks (ca. 150 ccm) soll eben genügen, um den im Becherglas verbliebenen Niederschlag nach dem Umschütteln vollkommen zu lösen. Ist dies nicht der Fall, so setzt man noch etwas Ammoniak zu, wobei schliesslich eine ganz klare Lösung erhalten werden muss.

Zu dieser lässt man nun tropfenweise Magnesiamixtur einfliessen, (auf je 0,1 g P_2O_5 10 ccm) rührt längere Zeit um, ohne die Glaswände zu berühren, und filtrirt den entstandenen Niederschlag nach mindestens dreistündigem Stehen ab. Man wäscht mit $2^1/_2$ proc. Ammoniak, bis eine Probe des Waschwassers nach dem Ansäuern mit Salpetersäure durch Silbernitratlösung nur mehr schwach opalisirt. Die weitere Behandlung des Niederschlags ist bekannt.

Die verwendeten Reagentien werden wie folgt bereitet:

Molybdänlösung: 150 g krystallisirtes molybdänsaures Ammon und 400 g Ammoniumnitrat werden in 1 Liter Wasser gelöst, und die Lösung in ein gleiches Volumen Salpetersäure (sp. G. 1,19) eingegossen. Die Lösung soll im Dunkeln aufbewahrt werden.

Magnesiamixtur: 100 g Chlormagnesium und 140 g Salmiak werden in 1300 ccm Wasser gelöst, und das Flüssigkeitsvolumen mit 24 proc. Ammoniak auf 2 Liter ergänzt. Nach mehrtägigem Stehen in verschlossener Flasche wird filtrirt.

β) Citratmethode. Bei derselben wird die Fällung der Phosphate von Kalk, Eisen etc. beim Zusetzen von Ammoniak durch die Gegenwart von Citronensäure verhindert.

Eine Menge der zu verwendenden phosphorsäurehaltigen Lösung, die nicht mehr als 0,2 gr P_2O_5 enthält, wird mit 100 ccm Citratlösung (erhalten durch Lösen von 150 g Citronensäure in Wasser, Zufügen von 500 ccm 24 proc. Ammoniak und Auffüllen auf 1500 ccm) versetzt, eventuell noch Ammoniak zugefügt, wobei keine Trübung eintreten darf, der Ueberschuss desselben mit einigen Tropfen Salpetersäure abgestumpft, und 25 ccm Magnesia-

mixtur zugesetzt. Der entstandene Niederschlag wird wie unter
a) behandelt.

Die Methode ist sehr bequem auszuführen und wird
häufig gebraucht. Dadurch, dass einerseits ein Ueberschuss
von Citronensäure etwas phosphorsaure Ammon-Magnesia löst,
andererseits kleine Mengen von Phosphaten des Kalks etc.
mitgefällt werden, tritt ein Ausgleich dieser beiden Fehler-
quellen ein.

γ) Uranmethode. Diese maassanalytische Methode kann
als bekannt vorausgesetzt werden. Sie kann nur zur Bestimmung
der wasserlöslichen Phosphorsäure dienen, wird aber jetzt überhaupt wenig mehr verwendet.

b) Kali.

Dasselbe wird stetst mittelst Platinchlorid als Doppelsalz:
$2\,K\,Cl\,Pt\,Cl_4$ bestimmt. Bedingung ist, dass sich nur Chloride
in Lösung befinden, von denen die des Natriums, Calciums,
Magnesiums etc. in Alkohol lösliche Platindoppelsalze geben,
während Kaliumplatinchlorid unlöslich ist.

Liegen, wie dies meist der Fall ist, Sulfate vor, so werden
sie in Chloride übergeführt, indem man zu der mit 1 ccm conc.
Salzsäure versetzten Lösung, unbekümmert um einen etwaigen
Rückstand, eine kochende, heisse Chlorbaryumlösung unter mög-
lichster Vermeidung eines Ueberschusses zusetzt. Das Filtrat,
resp. ein aliquoter Theil desselben, wird durch Abdampfen auf
ca. 15 ccm concentrirt und so viel Platinchlorid zugegeben, dass
alle vorhandenen Salze in die Platindoppelsalze übergeführt
werden (auf 0,5 g Substanz 1 g Platin). Man mischt mit dem
Glasstab, dampft auf etwa 10 ccm ab, fügt 90 proc. Alkohol hinzu, filtrirt nach längerem Umrühren und Stehenlassen durch ein
mit Alkohol befeuchtetes Filter und wäscht mit Alkohol, bis das
Filtrat, welches ursprünglich gelb gewesen sein muss, vollkommen
farblos abläuft.

Der Niederschlag kann bei 130^0 getrocknet und gewogen
werden. Da er aber noch kleine Mengen in Alkohol unlöslicher
Chloride enthalten könnte, thut man besser, das getrocknete
Filter sammt Inhalt in einem gewogenen Porzellantiegel einzu-
äschern und den Rückstand wiederholt mit kleinen Mengen reiner

Oxalsäure, zuletzt ziemlich stark zu glühen. Das im Tiegel zurückbleibende Gemenge von metallischem Platin und Chlorkalium laugt man mit heissem Wasser aus, giesst die Lösung durch ein kleines Filter und wäscht bis zum Verschwinden der Chlorreaction.

Zu dem im Tiegel verbliebenen und getrockneten Platin bringt man das ebenfalls getrocknete Filter, äschert ein und wägt das rückständige Platin (1 Pt entspricht 1 K_2O).

c) Stickstoff.

Er kann vorhanden sein in Form von Ammoniak (Ammonsalzen), von Nitraten oder von organischen Stickstoffverbindungen, eventuell auch gleichzeitig in zwei oder drei dieser Formen.

α) Ammonstickstoff. Seine Bestimmung erfolgt durch Erhitzen mit Natronlauge und Auffangen des übergehenden Ammoniaks in titrirter Säure. Die Durchführung der Methode ist bekannt. Sind gleichzeitig organische Stickstoffverbindungen vorhanden, die beim Kochen mit Natronlauge zum Theil auch unter Bildung von Ammoniak zersetzt werden könnten, so verwendet man statt Natronlauge Kalkmilch oder frischgeglühte Magnesia.

β) Salpeterstickstoff wird durch Reduction der Salpetersäure zu Stickoxyd mittelst Eisenchlorürlösung und Auffangen des entweichenden Gases in einem in $^1/_{10}$ ccm getheilten Endiometerrohr bestimmt. (Methode von Schulze-Tiemann oder Schlösing-Wagner).

γ) Organischer Stickstoff. Sämmtliche hierzu verwendbaren Methoden wurden durch das Verfahren von Kjeldahl verdrängt, welches in der von Wilfarth modificirten Form hier angegeben sei. 1—2 g Substanz werden in einem langhalsigen Rundkolben von beiläufig 150 ccm Inhalt mit 20 ccm conc. Schwefelsäure übergossen, 0,7 g frisch gefälltes, gelbes Quecksilberoxyd (oder 0,5 g Quecksilber) zugegeben und über dem Drahtnetz anfangs gelinde, dann zum starken Sieden erhitzt. Es ist gut, den Kolben mittelst einer Klemme in eine geneigte Lage zu bringen, um ein Verspritzen der Säure, sowie ein directes Erhitzen der oft ungleich dicken Bodenfläche zu vermeiden. Man erhitzt bis die Flüssigkeit vollkommen farblos geworden, lässt erkalten, giesst den Inhalt des Kolben in einen mit etwas Wasser gefüllten Erlenmeyer-Kolben von ca. $^3/_4$ L. Inhalt und spült mit

Wasser gut nach. Nach dem Erkalten wird unter Kühlen Natronlauge (etwa 30 procentig) im Ueberschuss zugesetzt*) und ferner 25 ccm einer 10 proc. Schwefelkaliumlösung einfliessen gelassen. Letzteres fällt alles Quecksilber in Form von Schwefelquecksilber aus und bewirkt mithin eine Zersetzung der gebildeten Quecksilberamidverbindung, deren Ammoniak durch Alkalien nur schwer ausgetrieben werden kann. Man gibt noch einige Körnchen granulirtes Zink zu, um ein Stossen bei der nun folgenden Destillation zu vermeiden.

Bei der Destillation wird alles Ammoniak ausgetrieben und in einer mit 20 ccm Halbnormalschwefelsäure und 50 ccm Wasser versehenen Vorlage aufgefangen. Der Ueberschuss an Säure wird dann zurücktitrirt und der Stickstoffgehalt berechnet (1 H_2SO_4 entspricht 2 N).

Um bei der Destillation ein Ueberspritzen von Lauge zu verhindern, wurden verschiedene Apparate vorgeschlagen. In der Regel genügt die Anwendung eines Kugelrohrs, das auf den Kolben gesetzt und mit dem Kühlrohr in Verbindung gebracht wird. Die Destillation ist nach 20—30 Minuten beendet. Der Inhalt der Vorlage erwärmt sich meist stark, doch ist, auch ohne Kühlung, die Gefahr eines Verlustes an Ammoniak nicht vorhanden.

Wir besprechen nun die wichtigsten der in jede der drei Gruppen gehörigen Düngemittel.

1. Phosphatdünger.

Sie können eingetheilt werden in:

A. Phosphate mit in Wasser unlöslicher Phosphorsäure		*B. Phosphate mit in Wasser löslicher Phophorsäure*
a) Rohphosphate	b) künstlich hergestellte Phosphate	Superphosphate
Mineralische Phosphate	Phosphatschlacken	
Knochenphosphate		
Guanophosphate		

---

*) Die nothwendige Menge lässt sich aus der zugesetzten Schwefelsäuremenge leicht annähernd berechnen.

A. Phosphate mit in Wasser unlöslicher Phosphorsäure

enthalten die Phosphorsäure meist in Form von Tricalciumphosphat, welches so wie das stets vorhandene Eisen- und Thonerdephosphat nur sehr langsam bodenlöslich wird.

Für die Untergruppe a) Rohphosphate (Phosphorit, Apatit, Knochenmehl, Knochenkohle, Bakerguano) werden zur Phosphorsäurebestimmung 5 g der fein gepulverten Substanz eine halbe Stunde mit 20 ccm conc. Salpetersäure und 50 ccm conc. Schwefelsäure gekocht, die Lösung sammt Rückstand in einen ½ Literkolben gebracht, nach dem Erkalten zur Marke gefüllt, gut durchgemischt und durch ein trockenes Faltenfilter filtrirt. In 50 ccm des Filtrats bestimmt man die Phosphorsäure nach der Molybdänmethode.

Zieht man die Anwendung der Citratmethode vor, so schliesst man zweckmässig, statt mit dem vorerwähnten Gemisch von Salpetersäure und Schwefelsäure mit 30 ccm conc. Schwefelsäure auf, verfährt weiter wie früher, resp. nach a β (S. 81).

In Knochenmehlen wird meist auch eine Stickstoffbestimmung nach Kjeldahl, sowie ein Nachweis minderwerthiger Mineralphosphate durchgeführt. Letzterer gibt sich durch einen hohen Gehalt an in Salzsäure unlöslichen Bestandtheilen (Sand), dann Eisenoxyd und Thonerde zu erkennen.

Von den in die Untergruppe b gehörigen Phosphatschlacken ist das wichtigste Product die Thomasschlacke. Um in dieser die Phosphorsäure zu bestimmen, werden 10 g des gepulverten Materials mit wenig Wasser angefeuchtet und mit 5 ccm eines Gemisches von gleichen Theilen conc. Schwefelsäure und Wasser angerührt. Sobald die Masse zu erhärten beginnt, fügt man 50 ccm conc. Schwefelsäure zu, erwärmt ½ Stunde auf dem Sandbade bis zum Auftreten weisser Dämpfe, wobei man die Masse häufig umrührt. Nach dem Erkalten verdünnt man vorsichtig mit Wasser, spült in einen ½ Literkolben, füllt zur Marke, mischt gut durch und lässt zur Abscheidung von Gips einige Stunden stehen. Dann filtrirt man durch ein trockenes Faltenfilter und bestimmt in 50 ccm des Filtrats die Phosphorsäure nach der Citratmethode.

B. Phosphate mit in Wasser löslicher Phosphorsäure.

Hierher gehören hauptsächlich die durch Aufschliessen von Rohphosphaten mit Schwefelsäure erhaltenen Superphosphate, welche die Phosphorsäure als in Wasser lösliches Monocalciumphosphat Ca H$_4$ (P O$_4$)$_2$ enthalten sollen. Da aber die Aufschliessung häufig keine ganz glatte ist, finden sich neben dieser auch Di- und Tricalciumphosphat, deren Menge beim längeren Lagern durch Einwirkung von Monocalciumphosphat auf vorhandene Eisen- und Thonerdeverbindungen noch vermehrt wird. Man nennt letzteren Vorgang das „Zurückgehen" der Phosphorsäure.

Es tritt demnach in den Superphosphaten des Handels die Phosphorsäure in drei Formen auf:

a) als Monocalciumposphat Ca H$_4$ (PO$_4$)$_2$. Es ist in Wasser löslich und wird bei der Analyse sammt etwa vorhandener freier Phosphorsäure als „wasserlösliche Phosphorsäure" bestimmt;

b) als Dicalciumphospat Ca H PO$_4$. Dieses ist in Wasser unlöslich, hingegen in citronensaurem Ammon löslich. Man bestimmt es zuweilen gemeinsam mit der in Form von Eisen- und Thonerdephosphat vorhandenen Phosphorsäure als „citratlösliche" oder „zurückgegangene" Phosphorsäure;

c) als Tricalciumphosphat Ca$_3$ (PO$_4$)$_2$, in Wasser und citronensaurem Ammon unlöslich; die diesem entsprechende Phosphorsäure wird als unlösliche Phosphorsäure bezeichnet.

α) Bestimmung der wasserlöslichen Phosphorsäure.

20 g Superphosphat werden in einen Literkolben gebracht. 800 ccm Wasser zugegeben und eine halbe Stunde lang gut durchgeschüttelt.*) Dann füllt man zur Marke, mischt gut durch, filtrirt durch ein trockenes Faltenfilter und bestimmt in 50 ccm des Filtrats die Phosphorsäure nach der Citratmethode.

β) Bestimmung der Gesammtphosphorsäure.

5 g Superphosphat werden mit 20 ccm Wasser aufgeschlämmt, sodann mit 100 ccm conc. Salpetersäure eine halbe Stunde gekocht, das Ganze in einen $^1/_2$ Literkolben gespült, zur Marke gefüllt, durch ein trockenes Faltenfilter filtrirt und in 50 ccm des Filtrates die Phosphorsäure nach der Molybdänmethode bestimmt.

Die Bestimmung der citratlöslichen Phosphorsäure, über deren Werth die Meinungen auseinandergehen, sei hier nicht weiter angeführt.

---

*) Sehr gut eignen sich hierzu mit der Hand oder mit Wasser betriebene Schüttelmaschinen.

2. Kalidünger.

Die Hauptquelle für dieselben bilden die Stassfurter Abraumsalze, die meist aus Kali- und Magnesiasalzen bestehen und als deren wichtigste erwähnt seien: Sylvin ($5\,KCl + NaCl$), Carnallit ($KCl + MgCl_2 + 6\,H_2O$), Kainit ($KCl + MgSO_4 + 3\,H_2O$) Schönit ($K_2SO_4 + MgSO_4 + 6\,H_2O$).

In denselben wird stets nur der Kaligehalt nach der früher (S. 82) angegebenen Methode ermittelt.

3. Stickstoffdünger.

Gemäss der früher angeführten Eintheilung gehören in diese Gruppe wesentlich schwefelsaures Ammon, Kali- und Natronsalpeter oder Gemische beider, mit durchschnittlich 14,5—16 Proc. Stickstoff, Blutmehl (12—15 Proc. N, ca. 1 Proc. P_2O_5), Hornmehl (7—14 Proc. N, 5—6 Proc. P_2O_5), Ledermehl (6—10 Proc. N).

4. Gemischte Dünger.

Dieselben sind entweder künstliche Gemische von Phosphor-Kali- und Stickstoffdünger, wie Kaliumsuperphosphat, Ammoniumsuperphosphat, Salpetersuperphosphat oder natürliche Producte. Zu letzteren zählen: Peruguano, Fleischmehl, Fischguano, Stallmist.

Peruguano, aus Vogelexcrementen, Leichen von Seethieren etc. entstanden, aber weniger verwittert wie die Guanophosphate, enthält durchschnittlich 8—11 Proc. Stickstoff und 10—20 Proc. Phosphorsäure.

Fleischmehl aus Fleisch und Knochen gefallener Thiere, mit 6—7 Proc. Stickstoff und 10—15 Proc. Phosphorsäure.

Fischguano aus Fischabfällen (5—12 Proc. N, 13—16 Proc. P_2O_5).

Stallmist, das Gemisch fester und flüssiger Excremente von Rindern, Pferden, Schafen und Schweinen, sammt Einstreu, enthält alle drei Pflanzennährstoffe in variirenden Mengen. Dieselben können annähernd innerhalb folgender Grenzen eingeschlossen werden: Kali 0,40—0,67 Proc., Phosphorsäure 0,16—0,28 Proc. und Stickstoff 0,34—0,83 Proc.

VI. Zucker-Industrie.

Die Untersuchung des Zuckers und der zuckerhaltigen Producte, wie Rüben, Dünnsaft, Melasse etc. erstreckt sich in der Regel auf die Bestimmung des Gehaltes an Rohrzucker (eventuell auch Invertzucker), Wasser, Alkalität, Asche, zuweilen auch auf die Farbe. Ueber die hiezu verwendeten Methoden sei im allgemeinen folgendes vorausgeschickt.

a) Rohrzucker. Er kann aus dem specifischen Gewichte oder mittelst Polarisation ermittelt werden.

a) Specifisches Gewicht. Nur bei reinen Zuckerlösungen lässt sich auf Grund des specif. Gew. der Zuckergehalt genau ermitteln. Sind noch andere Bestandtheile gelöst, so können diese das spec. Gew. in verschiedener Weise beeinflussen. In solchen Lösungen wird durch die Dichtenbestimmung nur der scheinbare Trockensubstanzgehalt, ausgedrückt in Zuckerprocenten, ermittelt werden können.

Die Bestimmung des specifischen Gewichtes kann entweder mit den gewöhnlich hiezu verwendeten Apparaten, wie Densimeter, Pyknometer, hydrostatische Wage durchgeführt werden, in welchen Fällen erst in einer entsprechenden Tabelle der dem sp. G. entsprechende Zuckergehalt nachgesehen werden muss, oder mittelst der zu diesem Zwecke eigens construirten Aräometer, der „Saccharometer" (von Balling oder Brix), die vermöge ihrer Eintheilung eine directe Ablesung von Gewichtsprocenten Zucker gestatten. Dabei ist es zweckmässig, solche Saccharometer anzuwenden, bei denen die Scala auf ein System mehrerer, zusammengehöriger Spindeln vertheilt ist und daher Zehntelprocente noch genau abgelesen werden können. Werden mit dem Sacharometer Volumprocente abgelesen, so ist, in Folge der Veränderung des Volumens mit der Temperatur, noch eine Correctur anzubringen, die an dem Instrumente ersichtlich gemacht ist.

Pyknometer und hydrostatische Wage werden nur dann benutzt, wenn blos geringe Mengen Substanz zur Verfügung stehen.

β) Polarisation. Das Princip, auf welchem diese Instrumente beruhen, wie deren Einrichtung kann als bekannt gelten. Verwendet werden neuerer Zeit zumeist der Apparat von Soleil-Ventzke- Scheibler und der Halbschatten-Apparat von Schmidt und Haensch. Bei dem ersteren wird auf die „Uebergangsfarbe", eine blassblauviolette Färbung, bei letzterem auf gleichmässige, schwache Beschattung beider Hälften eingestellt.

Das Normalgewicht für beide Apparate beträgt 26,048 g, d. h. eine Lösung von 26,048 g reinem Zucker in 100 ccm ergibt im 200 mm Rohr eine Ablenkung von 100^0, oder 1^0 entspricht 0,26048 g Zucker in 100 ccm. Bei Anwendung dieses Normalgewichtes und des Normalrohres (200 mm) werden mithin direct Zuckerprocente abgelesen. Bei Benutzung eines 100 oder 400 mm Rohres ist die Anzahl der gefundenen Grade zu verdoppeln, beziehungsweise zu halbiren.

Der Polarisation geht unbedingt eine Klärung und Entfärbung mit einer Lösung von Bleiessig (basisch essigsaurem Blei) voran. Rohrzucker ist rechts drehend (+), Invertzucker links drehend (—).

b) Invertzucker besitzt die Eigenschaft, Fehling'sche Kupferlösung (siehe Reagentien S. 101) zu reduciren, unter Ausscheidung von Kupferoxydul. Auf Grund der ausgeschiedenen und zu metallischem Kupfer reducirten Menge von Kupferoxydul wird der Gehalt nach den später angegebenen Methoden bestimmt.

In Folge der Linksdrehung des Invertzuckers beeinflusst derselbe auch das Polarisationsergebniss, und muss daher bei Gegenwart desselben zur Ermittlung des Rohrzuckergehaltes ein verändertes Verfahren (nach Clerget)*) eingehalten werden, dessen Beschreibung später folgt.

Syrup, Melasse, etc. enthalten manchesmal Invertzucker.

c) Wasser. Für flüssige oder halbflüssige Producte empfiehlt sich die Anwendung kleiner Schalen mit flachem Boden aus Porzellan, oder emaillirtem Eisenblech. Die Trocknung erfolgt erst bei $80—90^0$ am Wasser- oder Luftbad. Um die letzten Antheile

---

*) Nach demselben Verfahren wird auch bei Gegenwart von Raffinose gearbeitet.

von Wasser zu entfernen, soll das weitere Trocknen bei einer Temperatur von 105° und bei Einwirkung eines trockenen Luftstromes stattfinden. Stammer empfiehlt dazu einen eigenen Apparat; in Ermanglung desselben muss man sich mit einem gewöhnlichen Trockenschrank begnügen.

Auch wird empfohlen, die Substanz (4—5 g bei Melassen, 8—10 g bei Syrup und Dicksäften), mit 20 g ausgeglühtem und staubfreiem Quarzsand in einem flachen Porzellanschälchen mittelst eines Glasstäbchens zu mischen und zu wägen und zunächst eine Viertelstunde in den Trockenschrank (bei 100°) zu stellen. Dann wird mit dem Glasstab recht gut durchgemischt, bis ein gleichartiges, unzusammenhängendes Gemisch erhalten worden, und im Trockenschrank bis zum constanten Gewicht getrocknet.

d) Alkalität. Dieselbe wird bedingt durch einen Gehalt zuckerhaltiger Substanzen an freiem Kali, Aetzkalk und freiem Ammoniak. Sie wird bestimmt durch Titration mit Normal- oder $\frac{1}{10}$ Normalsäure (gewöhnlich Salpetersäure) und in Procenten Kalk ausgedrückt. Als Indicator wird zumeist neutrale, blauviolette Lackmustinctur verwendet, die man der Flüssigkeit zusetzt. Nur bei dunkel gefärbten Substanzen, wie Melassen, setzt man den Indicator nicht zu, sondern prüft nach jedem Säurezusatz auf einem Streifen von blauviolettem, empfindlichem Lackmuspapier.

e) Asche. Den Verbrennungsrückstand eines Zuckers, einschliesslich der in demselben vorhandenen, mechanischen Verunreinigungen nennt man seine „Asche“, den Verbrennungsrückstand des von diesen Verunreinigungen freien oder befreiten Zuckers bezeichnet man als „Salze“. Letztere sind wesentlich lösliche Alkalisulfate und Chloride, ferner Carbonate, herrührend von Alkalisalzen organischer Säuren. Unter den Alkalien ist das Kali vorwiegend. Zuweilen findet sich auch kohlensaurer Kalk, von löslichen, organischsauren Kalksalzen stammend. Die „Salze“ verhindern einen Theil des Zuckers am Krystallisiren, bedingen mithin einen Verlust an Zuckerausbeute, u. zw. rechnet man (obwohl dies nach den jetzigen Verhältnissen nicht mehr richtig ist) auf einen Theil löslicher Salze eine Verminderung um 5 Theile Zuckerausbeute.

Die vollkommene Veraschung eines Zuckers ist durch Verbrennung schwer zu erreichen, indem die entstandenen, leicht schmelzbaren Alkalisalze Kohlentheilchen einschliessen und der Verbrennung entziehen. Auch darf wegen etwaiger Verflüchtigung von Choralkalien nicht zu stark geglüht werden. Man verfährt daher bei der Veraschung derart, dass man die abgewogene Zuckermenge in einer geräumigen Platinschale bei gelinder Hitze verkohlt, bis keine Gase mehr entweichen, die Kohle mit Wasser befeuchtet und mit einem Pistill zu einem feinen Brei zerdrückt. Nach Zugabe von wenig heissem Wasser, Erwärmen und Abfiltriren, wäscht man den auf dem kleinen Filter verbliebenen Rückstand wiederholt mit heissem Wasser, verascht das Filter sammt Rückstand in der Platinschale, bringt das Filtrat in dieselbe, verdampft am Wasserbade, befeuchtet mit kohlensaurem Ammon, trocknet bei 100⁰ und glüht gelinde. Der rein weisse Rückstand wird gewogen.

Man erfährt so den Gehalt an „Asche" (Carbonatasche). Will man auch den an „Salzen" ermitteln, so löst man eine abgewogene Zuckermenge in einem bestimmten Quantum Wasser, etwa 25 g Zucker in 250 ccm, filtrirt die trübe Lösung, dampft einen Theil des Filtrats in der Platinschale ein, verkohlt und behandelt weiter wie früher.

Einfacher und rascher ist die Methode von Scheibler, wonach man 3—5 g Zucker in einem Platinschälchen mit reiner, conc. Schwefelsäure durchfeuchtet. Nach wenigen Minuten wird der Zucker geschwärzt und zerstört, dann erhitzt man über einer möglichst grossen Flamme, wobei vollständige Verkohlung unter bedeutendem Aufblähen, Zischen und lebhafter Gasentbindung stattfindet. Zur vollständigen Verbrennung der verbliebenen Kohle bringt man dann das Schälchen in eine Muffel.

Durch die Schwefelsäure werden die Salze in Sulfate verwandelt, deren Gewicht natürlich ein höheres ist, wie das der ursprünglich vorhandenen Salze. Diese Gewichtserhöhung beträgt fast genau 10 Proc., um welche die gefundene Menge verringert wird. Der Rest wird als „Sulfatasche" angegeben.

f) Farbe. Man verwendet hiezu das Stammer'sche Colorimeter. Die Bestimmung wird indes nur selten durchgeführt.

Von den Rohstoffen und Fabrikationsproducten der Zuckerindustrie kommen zumeist zur Untersuchung Rüben, Rübensaft, Dünnsaft, Dicksaft, Füllmassen, Grünsyrupe, Melassen, Osmosewässer und Rohzucker.

1. Rüben.

Die frühere Annahme, dass der Zuckergehalt des Rübensaftes zu dem der Rüben in einem ziemlich constanten Verhältniss steht, (ca. 1 : 0,95), ist neuerer Zeit aus verschiedenen Ursachen als unrichtig erkannt worden, und hat man daher Methoden gefunden, die eine directe Ermittelung des Zuckergehaltes in der Rübe ermöglichen. Als solche empfehlen sich das Extractions- und das Digestionsverfahren.

a) Extractionsverfahren (nach Scheibler). Von dem aus einem Durchschnittsmuster der Rüben mittels Handreiben oder Reibmaschine hergestellten, möglichst feinem Brei werden so rasch als thunlich 35 — 40 g auf einem Tarirblech abgewogen und in den Cylinder eines Soxhlet'schen Extractionsapparates gebracht. In das zum Apparat gehörige, mit erweitertem Hals versehene 100 ccm Kölbchen bringt man 75 ccm absoluten Alkohol, spült mit einem Theile desselben verbliebene Rübenreste vom Tarirblech in den Cylinder und giesst in den Extractionsapparat noch so viel Alkohol nach, dass der Cylinder bis nahe zur oberen Heberkrümmung damit gefüllt ist. Dann setzt man den Kolben an den Apparat, stellt ihn auf das Wasserbad und kocht bis zur vollendeten Extraction. Dies ist in der Regel nach etwa 3 — 4 Stunden der Fall, innerhalb ¦welcher Zeit der Alkohol 80—90 mal abgehebert wurde. Man entfernt nun das Wasserbad, lässt den Kolben erkalten, setzt die nöthige Menge Bleiessig zu (5—10 ccm), füllt zur Marke auf, mischt gut, filtrirt durch ein trockenes Filter und polarisirt im 200 mm-Rohr. Der erhaltene Drehungsbetrag mit 0,26048 multiplicirt gibt den in der abgewogenen Menge Brei enthaltenen Zucker.

Wurden 26,048 g abgewogen, so erhält man direct Procente Zucker.

b) Digestions - Verfahren (nach Rapp-Degner). Es beruht ähnlich wie das frühere auf einer Alkohol-Extraction, nur wird das abgewogene, doppelte Normalgewicht 52,1 g direct in einen Messkolben von genau 200 ccm Inhalt gebracht. Der Kolben hat eine tiefliegende Marke und einen erweiterten Halsansatz, in welchen ein etwa 50 cm langes Kühlrohr von 10 mm lichter Weite sorgfältig eingeschliffen oder mit gut schliessendem Kork befestigt ist. Das Einfüllen der Substanz geschieht mittelst eines Glasstabes und werden an diesem, wie am Tarirblech und am Kolbenhals anhaftende Theile mit 90—92 proc. Alkohol, am besten aus einer Spritzflasche, nachgespült und dann der Kolben zu etwa $^4/_5$ seines Inhaltes mit demselben Alkohol gefüllt. Nach dem Aufsetzen des Kühlrohres bringt man den Kolben in das vorher zum Kochen erhitzte Wasserbad in etwas schräge Lage und erhält durch 15—20 Minuten im ruhigen Sieden. Dabei geht der Zucker vollständig in die Flüssigkeit über. Man nimmt dann den Kolben heraus, spült die Kühlröhre mit Alkohol ab und füllt, ohne abzukühlen, etwa 1 cm über die Marke. Durch abermaliges Einstellen in das heisse Wasserbad bis zum beginnenden Sieden findet eine volle Mischung statt, dann lässt man an der Luft $^1/_2$—$^3/_4$ Stunden abkühlen und bringt schliesslich in Wasser auf Zimmertemperatur.

Zu der nun wieder tief unter die Marke gesunkenen Flüssigkeit gibt man 10—15 Tropfen Bleiessig, stellt mit Alkohol genau zur Marke ein, mischt durch Umschütteln, filtrirt und polarisirt. Die Ablesung im 200 mm-Rohr ergibt direct Procente an Zucker.

Um das Volumen des in dem Kolben enthaltenen, ausgekochten Markes zu berücksichtigen, wird der abgelesene Betrag noch mit 0,994 multiplicirt. Man erhält dann den wahren Procentgehalt.

Stammer hat das Verfahren noch dahin modificirt, dass er ein beliebiges, meist beträchtlich grösseres Gewicht des Rübenbreies mit starkem Alkohol zu einem solchen Volumen bringt, dass nach vollkommen gleichmässiger Vertheilung des Zuckers im Polarisationsapparate unmittelbar Procente Zucker in der Rübe abgelesen werden können. Das Verfahren erfordert besonders feine Zertheilung des Rübenbreis in der Rüben- oder Schnitzelmühle und kann deshalb nur in besonders eingerichteten Laboratorien, insbesondere im Fabriksbetriebe verwendet werden.

2. Rübensaft, Dünnsaft.

a) specifisches Gewicht. Die Bestimmung erfolgt nach einer der früher angegebenen Methoden, am besten mittelst Balling's Saccharometer, in welchem Falle das entsprechende specif. Gewicht in der Tabelle nachgeschlagen wird. Als Temperatur nimmt man 17,5°.

b) **Zuckergehalt.** 100 ccm Saft werden in ein mit einer zweiten Marke für 110 ccm versehenes Kölbchen möglichst genau gebracht, mit Bleiessig bis zur zweiten Marke aufgefüllt und mehrmals gut durchgeschüttelt. Klärung und Entfärbung sind nach einigen Minuten vollkommen erreicht. (Sollte in besonderen Fällen dieser Bleiessig-Zusatz nicht genügen, so muss entsprechend mehr, etwa $\frac{1}{5}$ des Volumens an Bleiessig zugesetzt werden.) Dann wird filtrirt und im 200 mm-Rohr polarisirt. Die abgelesene Drehung wird, wegen der Verdünnung mit Bleiessig, um $\frac{1}{10}$ vermehrt und mit 0,26048 multiplicirt. Man erhält so **Volumprocente Zucker** d. h. Gramme Zucker in 100 ccm. Will man die **Gewichtsprocente** erfahren, so hat man nur den erst erhaltenen Werth durch das nach a) bestimmte specifische Gewicht zu dividiren.

Etwaige beim Einfüllen des Saftes in das Messkölbchen auftretende und schwer zu beseitigende Luftblasen werden am besten mit einigen Tropfen Aether entfernt. Die innere Wandung des Kolbens oberhalb der Marke wird mittelst zusammengerollten Filtrirpapiers von anhängender Flüssigkeit befreit.

3. Rohzucker, Füllmasse, Grünsyrup, Melasse.

a) **Zucker.** Vor der Zuckerbestimmung ist zunächst auf das Vorhandensein von Invertzucker qualitativ zu prüfen. Zu diesem Zweck werden ca. 20 g der in Wasser gelösten Substanz nach dem Klären mit Bleiessig auf 100 ccm gebracht, 50 ccm des klaren Filtrats mit 50 ccm Fehling'scher Lösung (siehe Reagentien S. 101) gemischt, auf einem Drahtnetz zum Sieden erhitzt und 2 Minuten im Kochen erhalten. Zeigt sich dabei keine oder eine nicht wägbare Ausscheidung von Kupferoxydul, so ist auf das Vorhandensein von Invertzucker keine Rücksicht zu nehmen, die Zuckerbestimmung erfolgt nach α). Ist Invertzucker deutlich nachweisbar, so wird die Bestimmung nach β) durchgeführt.

α) **Invertzucker ist nicht vorhanden.** Das Normalgewicht wird in einem 100 ccm-Messkolben gelöst, mit 2 — 3 ccm Bleiessig und 1—2 ccm Alaunlösung versetzt, zur Marke aufgefüllt, gründlich durchgeschüttelt und filtrirt. Das klare Filtrat wird im 200 mm - Rohr polarisirt, und ergibt die Polarisation den Procentgehalt an Saccharose.

Für reinere Zuckersorten verwendet man statt Bleiessig Thonerde in Form eines dünnen Hydratbreies. (Siehe Reagentien S. 101.) Bei der Anwendung von Bleiessig kann man zur Aufhebung der alkalischen Reaction und ganz geringer Trübungen in das Filtrat einen mit conc. Essigsäure befeuchteten Glasstab eintauchen.

β) Invertzucker ist vorhanden. Man verfährt nach dem, insbesondere für Melassen verwendeten Verfahren von Clerget.

Das halbe Normalgewicht (13,024 g) wird unter Zusatz von 75 ccm Wasser im 100 ccm Kolben gelöst, 5 ccm Salzsäure von der Dichte 1,188 zugesetzt, möglichst schnell in einem etwas über 70^0 warmen Wasserbad auf $67—70^0$ erwärmt, wozu 2—3 Minuten erforderlich sind, und dann unter Umschwenken des Kolbens 5 Minuten lang die Temperatur auf $67—70^0$ (möglichst 69^0) gehalten. Dann wird rasch abgekühlt, zur Marke aufgefüllt, eventuell etwas Knochenkohle (besser Blutkohle) zur Entfärbung zugegeben, einige Minuten stehen gelassen und bei möglichst genau 20^0 polarisirt. Das Ergebniss wird bei Anwendung des 200 mm Rohres verdoppelt.

Die Flüssigkeit zeigt jetzt, nachdem sämmtlicher Zucker in links drehenden Invertzucker verwandelt (invertirt) wurde, starke Linksdrehung ($—J^0$).

Ausser dieser Bestimmung wird auch die Polarisation nach α) in gewöhnlicher Weise vorgenommen. ($+ P^0$).

Bezeichnet S die Summe der Ablenkung vor und nach der Polarisation (mit Hinweglassung des negativen Zeichens für den Invertzucker, also $P + J^0$) und t die Temperatur bei der Ablesung in Graden Celsius, so berechnet sich der Rohrzuckergehalt R nach der Formel:

$$R = \frac{100\,S}{142{,}66 - \frac{1}{2}\,t}$$

Die Formel gründet sich darauf, dass reine Saccharose, die vor der Inversion 100^0 rechts dreht, nach derselben eine Linksdrehung von $42{,}66 - \frac{t}{2}^{0}$ zeigt, mithin die Drehungsabnahme für reine Saccharose $142{,}66 - \frac{t}{2}^{0}$ beträgt.

b) **Invertzucker.** Wurde die Anwesenheit desselben nach a) gefunden, so ermittelt man zunächst die annähernde Menge wie folgt:

10 g Substanz werden in Wasser gelöst, mit Bleiessig geklärt und auf 100 ccm aufgefüllt. Von der filtrirten Lösung bringt man 10, 8, 6, 4 und 2 ccm in getrennte Eprouvetten, fügt zu jeder derselben 5 ccm Fehling'sche Lösung und kocht auf. Nun beobachtet man, in welcher Eprouvette die Flüssigkeit eben noch nicht entfärbt wurde. Ist dies noch bei jener mit 10 ccm Lösung der Fall, so sind weniger als 1,5 Proc. Invertzucker vorhanden, und die Bestimmung erfolgt nach der Methode von Herzfeld; im anderen Fall wird die Methode nach Meissl und Hiller durchgeführt. Für letztere Methode gibt die Anzahl der ccm in jener Eprouvette, in welcher eben noch keine Entfärbung eintrat gleichzeitig die Anzahl der Gramme an, die bei der Bestimmung, auf 50 ccm gelöst, zu verwenden sind.

Es entspricht nämlich jeder ccm Zuckerlösung (10 g auf 100) 0,1 g Substanz. Bei der Durchführung der Methode nach Meissl und Hiller wird aber die 10fache Menge Fehling'scher Lösung (50 ccm) angewendet, daher auch die 10fache Zuckermenge genommen. Mithin repräsentirt je 1 ccm Lösung des Vorversuches 1 g Substanz für die spätere Bestimmung. Hat also der Vorversuch ergeben, dass bei 8 ccm Entfärbung eintrat, bei 6 ccm aber noch Blaufärbung vorhanden war, so werden 6 g auf 50 ccm gelöst verwendet.

α) **Methode von Herzfeld.** Man benutzt eine das Normalgewicht auf 100 ccm enthaltende, mit Bleiessig geklärte Lösung, behandelt dieselbe, nur wenn ein grosser Ueberschuss an Bleiessig verwendet worden oder wenn die Probe reich an alkalischen Erden wäre, zur Fällung dieser Bestandtheile mit kohlensaurem Natron und verwendet:

wenn keine Fällung mit Soda nothwendig war, 38,4 ccm der filtrirten Lösung, verdünnt auf 50 ccm ($= 10$ g Substanz),

wenn eine Fällung vorgenommen werden muss 46,07 ccm der Lösung, die man mit conc. Sodalösung auf 60 ccm auffüllt und filtrirt. Vom Filtrate nimmt man dann 50 ccm, die ebenfalls 10 g ursprünglicher Substanz entsprechen.

Diese 50 ccm werden mit 50 ccm Fehling'scher Lösung in einen Erlenmeyerkolben oder in ein Porzellanschälchen gebracht, gemischt und auf einem Drahtnetz mittelst Dreibrenners in 3—4 Minuten zum Kochen erhitzt. Als Beginn des Kochens nimmt man jenen Moment, wo nicht nur in der Mitte, sondern auch am Rande des Gefässes Blasen aufsteigen. Dann erhält man mit der kleineren Flamme eines Einbrenners noch genau 2 Minuten im Kochen. Hierauf wird der Kolben resp. die Schale sofort von der Flamme entfernt 100 ccm ausgekochtes, kaltes Wasser zugegeben und durch ein gewogenes Asbestfilter (Fig. 8) unter Anwendung einer Pumpe rasch filtrirt. Man bringt dann den Niederschlag mit kaltem Wasser unter Zuhilfenahme einer Federfahne rasch auf das Filter, wäscht nachher mit 300 — 400 ccm heissem Wasser aus, entfernt das Wasser mit ca. 20 ccm Alkohol, eventuell auch mit Aether und trocknet das Röhrchen bei 120 bis 130° im Lufttrockenschrank.

Nunmehr erhitzt man den Theil der Röhre, der das auf dem Asbest befindliche Kupferoxydul enthält, über einem Brenner zum schwachen Glühen, wobei Oxydation zu Kupferoxyd und Verbrennung organischer Substanz stattfindet, und reducirt im Wasserstoffstrom bei langsamem Erwärmen. Die Reduction ist in wenigen Minuten beendet. Man lässt im Wasserstoffstrom erkalten, wobei im Halse des Rohres angesetztes Wasser sich vollkommen verflüchtigt, bringt in den Exsiccator und wägt nach $\frac{1}{4}$ Stunde. Aus der Menge des reducirten Kupfers wird nach der Tabelle (S. 100) der Invertzuckergehalt gefunden.

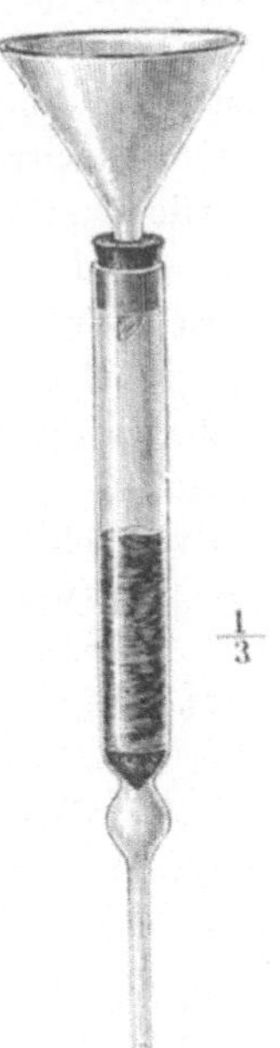

Fig. 8.
Asbest-Filtrirröhre.

Folgende Details seien noch angegeben: Der Asbest muss gegen Alkalien und Säuren widerstandsfähig und vorher ausgeglüht sein. Er wird dann in Wasser aufgeschlämmt, in das mit etwas Glaswolle versehene Röhrchen abgegossen, mit einem abgeplatteten Glasstab festgedrückt, so dass eine dünne, aber vollkommen dichte und auch ohne Anwendung der Pumpe noch gut filtrirende Schichte gebildet wird. Dann wird mit Alkohol und Aether gewaschen, getrocknet und gewogen. Vor dem Filtriren befeuchtet man den Asbest wieder. Während des Filtrirens setzt man einen kurzhalsigen Trichter lose auf, ersetzt ihn aber beim Auswaschen durch einen, mittelst Kautschukstopfen dicht anschliessenden Trichter. Die Flüssigkeit im Asbeströhrchen soll nie ganz ablaufen. Der zur Reduction verwendete Wasserstoff muss vollständig arsenfrei sein. Das Röhrchen wird mit einem durch einen gut passenden Kautschukstöpsel gesteckten Glasröhrchen mit dem Wasserstoffapparat verbunden und etwas schräg nach abwärts gehalten.

Statt eines Asbestfilters kann auch mit Flusssäure gewaschenes Filtrirpapier verwendet werden. Man wäscht ebenfalls erst mit kaltem, dann mit 300—400 ccm heissem Wasser aus, verascht im Rosétiegel, bedeckt denselben mit dem durchlochten Deckel und reducirt im Wasserstoffstrom. Ist die Menge des Kupferoxyduls nicht mehr als 0,1 g, so kann man, statt zu reduciren, das Oxydul durch Glühen im Porzellantiegel in Oxyd überführen, dieses wägen und daraus das metallische Kupfer berechnen.

β) Methode von Meissl und Hiller. Sie findet bei einem Gehalte von mehr als 1,5 Proc. Invertzucker Anwendung. Die erforderliche Substanzmenge ergibt sich aus dem früher angeführten Vorversuch. Um dieselbe, wie nothwendig, auf 50 ccm gelöst zu erhalten, wägt man die doppelte Menge ab, bringt nach dem Klären mit Bleiessig auf 100 ccm und verwendet 50 ccm des klaren Filtrats. Mit diesen wird die Invertzuckerbestimmung genau nach dem Herzfeld'schen Verfahren vorgenommen.

Zur Benutzung der später folgenden Tabelle von Meissl und Hiller muss zunächst das annähernde Verhältniss von Saccharose und Invertzucker (R : J) ermittelt werden. Die Art der Berechnung ergibt sich aus folgender Betrachtung:

Die Menge des Invertzuckers kann annähernd der halben gefundenen Kupfermenge gleich genommen werden. Wurden p g Substanz angewendet und Cu g Kupfer gewogen, so wären mithin

annähernd $\frac{Cu}{2}$ g Invertzucker in p g Substanz, daher $\dfrac{100\,\frac{Cu}{2}}{p}$
= i g Invertzucker in 100 g Substanz enthalten. Ergab ferner die nach $a\,\beta$ (Seite 95) durchgeführte Saccharosebestimmung r Proc. Rohrzucker, so ist der Gesammtzuckergehalt r + i Proc. Zur Ermittlung des Verhältnisses von Saccharose und Invertzucker in 100 Theilen Gesammtzucker, wird nun zunächst die Invertzuckermenge J nach der Proportion berechnet: (r + i) : i = 100 : J. Daraus ist

$$J = \frac{100 \cdot i}{r + i,}$$

oder nach Einführung der früheren Werthe

$$J = \frac{100 \cdot 100 \, \frac{Cu}{2}}{p \cdot r + 100 \, \frac{Cu}{2}} \cdot$$

Die Saccharosemenge ist dann $R = 100 - J$. Das Verhältniss $R : J$ ist nunmehr bekannt und wird in der Tabelle (S. 100) der diesem Verhältniss und der gefundenen, annähernden Invertzucker-menge entsprechende Factor ermittelt. (Letztere kann auf den im Kopfe der Tabelle zunächstliegenden Werth abgerundet werden.) Wird der gefundene Factor F in die Gleichung $J' = \frac{Cu}{p} F$ einge-setzt, so gibt J' den wahren Procentgehalt an Invertzucker.

c) **Wasser und Asche** werden in der früher beschriebenen Weise bestimmt. Addirt man Zucker, Wasser und Asche und zieht von 100 ab, so erhält man den **organischen Nichtzucker**.

d) **Alkalität.** Auch hier gilt im Allgemeinen das früher Gesagte. Bei Melassen werden 15—20 g auf 250 ccm gelöst, 25—50 ccm davon in einen Mischcylinder gebracht und mit 1—2 ccm Lackmustinctur versetzt. Hält man nun den Cylinder wagrecht über ein weisses Papier, so sieht man bei alkalischen Melassen die Flüssigkeit graugrün. In diesem Falle titrirt man eine weitere Menge mit Lackmuspapier nach der Tüpfelmethode.

Zur Entscheidung, ob eine Melasse neutral reagirt, theilt man den Inhalt des Mischcylinders in 2 Theile, setzt dem einen 1 Tropfen Normalsäure, dem anderen einen Tropfen Normallauge zu, wobei die Lösungen bei ursprünglich neutraler Reaction roth, resp. blau werden müssen.

e) **Reinheitsquotient** ist der Zuckergehalt in 100 Theilen wirklicher Trockensubstanz.

f) **Rendement oder Ausbeute** ist die Zahl, welche an-gibt, wie viel an krystallisirtem Rohrzucker aus einem Rohzucker „auszubringen" ist. Dem im Handel üblichen Verfahren der Berechnung liegt die Annahme zu Grunde, dass durch je 1 Ge-wichtstheil löslicher Salze 5 Gewichtstheile Zucker am Krystalli-siren verhindert werden. Das Rendement wird daher (in Deutsch-

Tabelle von Herzfeld.

Cu mg	Invertzucker %	Cu mg	Invertzucker %	Cu mg	Invertzucker %	Cu mg	Invertzucker %
50	0,05	120	0,40	190	0,79	255	1,16
55	0,07	125	0,43	195	0,82	260	1,19
60	0,09	130	0,45	200	0,85	265	1,21
65	0,11	135	0,48	205	0,88	270	1,24
70	0,14	140	0,51	210	0,90	275	1,27
75	0,16	145	0,53	215	0,93	280	1,30
80	0,19	150	0,56	220	0,96	285	1,33
85	0,21	155	0,59	225	0,99	290	1,36
90	0,24	160	0,62	230	1,02	295	1,38
95	0,27	165	0,65	235	1,05	300	1,41
100	0,30	170	0,68	240	1,07	305	1,44
105	0,32	175	0,71	245	1,10	310	1,47
110	0,35	180	0,74	250	1,13	315	1,50
115	0,38	185	0,76				

Tabelle von Hiller.

R : J	$\frac{Cu}{2}=200$mg	175 mg	150 mg	125 mg	100 mg	75 mg	50 mg
0 : 100	56,4	55,4	54,5	53,8	53,2	53,0	53,0
10 : 90	56,3	55,3	54,4	53,8	53,2	52,9	52,9
20 : 80	56,2	55,2	54,3	53,7	53,2	52,7	52,7
30 : 70	56,1	55,1	54,2	53,7	53,2	52,6	52,6
40 : 60	55,9	55,0	54,1	53,6	53,1	52,5	52,4
50 : 50	55,7	54,9	54,0	53,5	53,1	52,3	52,2
60 : 40	55,6	54,7	53,8	53,2	52,8	52,1	51,9
70 : 30	55,5	54,5	53,5	52,9	52,5	51,9	51,6
80 : 20	55,4	54,3	53,3	52,7	52,2	51,7	51,3
90 : 10	54,6	53,6	53,1	52,6	52,1	51,6	51,2
91 : 9	54,1	53,6	52,6	52,1	51,6	51,2	50,7
92 : 8	53,6	53,1	52,1	51,6	51,2	50,7	50,3
93 : 7	53,6	53,1	52,1	51,2	50,7	50,3	49,8
94 : 6	53,1	52,6	51,6	50,7	50,3	49,8	48,9
95 : 5	52,6	52,1	51,2	50,3	49,4	48,9	48,5
96 : 4	52,1	51,2	50,7	49,8	48,9	47,7	46,9
97 : 3	50,7	50,3	49,8	48,9	47,7	46,2	45,1
98 : 2	49,9	48,9	48,5	47,3	45,8	43,3	40,0
99 : 1	47,7	47,3	46,5	45,1	43,3	41,2	38,1

land und England) durch Abziehen des fünffachen Salzgehaltes vom Rohrzuckergehalt ermittelt.

Die Annahme ist eine ziemlich willkürliche.

Reagentien für die angeführten Methoden.

1. Bleiessig 600 g Bleizucker und 200 g Bleiglätte werden mit 2 Liter Wasser übergossen und durch 12 Stunden an einem warmen Orte unter öfterem Umrühren stehen gelassen. Man filtrirt oder giesst von dem Bodensatz ab und bringt die Lösung in eine Vorrathsflasche. Letztere hat zweckmässig einen zweifach durchbohrten Stöpsel, durch dessen eine Bohrung ein Heberrohr, durch dessen andere ein Natronkalkrohr gesteckt wird.

2. Thonerde. Käufliches Aluminiumchlorid wird in der ca. 100 fachen Wassermenge gelöst und Ammoniak bis zur alkalischen Reaction zugegeben. Den Niederschlag von Aluminiumhydroxyd lässt man absetzen, zieht die Flüssigkeit ab und wäscht durch Decantiren mit Wasser bis zum Verschwinden der alkalischen Reaction. Das gewaschene Aluminiumhydroxyd wird als nicht zu dicker Brei aufbewahrt.

3. Fehling'sche Lösung. Sie besteht aus folgenden zwei Lösungen:

a) 34,639 g krystallisirter Kupfervitriol in 500 ccm Wasser gelöst;

b) 173 g Seignettesalz in 400 ccm Wasser gelöst und mit 100 ccm einer Natronlauge, enthaltend 50 g Aetznatron, versetzt, eventuell filtrirt.

Die Lösungen werden getrennt aufbewahrt und vor jedem Versuche zu gleichen Volumtheilen gemischt.

4. Scheideschlamm.

Zuckergehalt. Man entnimmt verschiedenen Stellen des zur Untersuchung dienenden Schlammkuchens Proben, verreibt und mischt dieselben sorgfältig und wägt von dem erhaltenen, gleichmässig steifen Teige das Normalgewicht ab. Diese Menge wird mit Wasser angerührt, in einen 200 ccm-Kolben gebracht, mit wenig Bleiessig und dem Spülwasser zur Marke gefüllt und die filtrirte Lösung im 400 mm-Rohr polarisirt. Die Ablesung gibt den Zuckergehalt in Procenten.

Die Methode ist nicht absolut genau, jedoch für den Fabriks-betrieb hinreichend. Will man dem Volumen, welches vom kohlensauren Kalk eingenommen wird, Rechnung tragen, so kann man statt des Normalgewichtes nur 25 g anwenden und die Ablesung doch procentisch annehmen.

5. Kalksaccharat.

a) Zucker. In einen kleinen Porzellanmörser bringt man das halbe Normalgewicht, zerreibt mit wenig Wasser zu einem gleichmässigen Brei, gibt etwas Phenolphtaleïn als Indicator zu und lässt, unter gutem Umrühren und Zertheilen mit dem Pistill, conc. Essigsäure langsam zufliessen, bis die rothe Farbe verschwunden ist. Ist die Zersetzung erreicht, so spült man die klare Lösung in einen 100 ccm Kolben, fügt Bleiessig in geringer Menge zu, füllt zur Marke, filtrirt und polarisirt. Bei Verwendung des 200 mm-Rohres ist die Drehung zu verdoppeln, um Procente zu erhalten.

b) Kalk. 2—5 g werden abgewogen, in einem kleinen Mörser zerrieben und unter Zusatz von Phenolphtaleïn und häufigem Umrühren mit Normal- oder $\frac{1}{2}$ Normalsäure titrirt. Das Resultat ist als Kalk anzugeben.

6. Knochenkohle.

Selbe ist ein zur Entfärbung dienender Hilfsstoff, der heute in der Zuckerfabrication wohl nur mehr weniger Verwendung findet. Die Untersuchung erstreckt sich auf die Bestimmung von Wasser, Kohle, Sand, Thon, kohlensauren Kalk, schwefelsauren Kalk, Schwefelcalcium und Phosphorsäure.

a) Wasser. Eine abgewogene Menge (ca. 10 g) der in Form eines groben Pulvers verwendeten Probe wird in einem gut verschliessbaren Wägegläschen bei 140 — 150° bis zum constanten Gewicht getrocknet.

b) Kohle, Sand und Thon. Für diese wie die folgenden Bestimmungen verwendet man fein gepulverte, lufttrockene Knochenkohle und macht, da in dieser der Feuchtigkeitsgehalt von dem früher ermittelten verschieden ist, eine separate Wasserbestimmung. Die Resultate werden dann auf getrocknete Kohle umgerechnet.

Zur Durchführung der genannten Bestimmungen werden 10 g Substanz mit Wasser benetzt, 50 ccm conc. Salzsäure vorsichtig zugegeben und $\frac{1}{4}$ Stunde zum Kochen erhitzt. Dann wird durch ein getrocknetes und gewogenes Filter filtrirt und mit heissem Wasser bis zum Verschwinden der sauren Reaction gewaschen. Das Filtrat (A) wird in einem Literkolben gesammelt, das Filter sammt Rückstand bis zum constanten Gewicht getrocknet. Die Gewichtszunahme gibt Kohle + Sand + Thon.

Filter sammt Rückstand werden nun verascht. Es hinterbleibt Sand + Thon. Die Kohle wird aus der Differenz mit dem früheren Gewichte berechnet.

c) Kohlensaurer Kalk. Zu dieser Bestimmung verwendet man ziemlich ausschliesslich den Scheibler'schen Apparat (Fig. 9).

Die Entwicklung der Kohlensäure erfolgt in der Flasche A, in welche man die feingepulverte Substanz bringt und mit der im Guttapercha-Cylinder s befindlichen Salzsäure zusammentreten lässt. Die entwickelte Kohlensäure geht durch ein im Stöpsel eingekittetes Glasrohr und Kautschukschlauch r in eine in der Flasche B befindliche, dünne Gummiblase K. Ausser der Verbindung mit A besitzt Flasche B noch eine solche mit dem graduirten Rohr C (mittelst des Glasrohres n n) und endlich eine dritte mit der äusseren Luft. Selbe kann durch Quetschhahn q hergestellt oder abgeschlossen werden.

Die in 25 Grade getheilte Gasmessröhre C steht unten in Communication mit dem Rohre D, welches am unteren Ende noch eine Abflussröhre enthält, die bis auf den Boden der zweihalsigen Flasche E reicht. Quetschhahn p ist über ein Stück Kautschukschlauch zwischen D und E angebracht. Durch Einblasen von Luft in Flasche E, am besten mittelst eines Gummiballs, kann das in E befindliche Wasser nach C und D gedrückt werden, andererseits durch Oeffnen des Quetschhahnes p aus C und D nach E gelangen.

Ausführung. Man wägt von der besonders fein zerriebenen Kohle das dem Apparate beigegebene Normalgewicht (1,7 g) ab und bringt es in die vollkommen trockene Flasche A. Dann füllt man das Guttaperchagefäss s mit Salzsäure von der Dichte 1,12 (2 Raumtheile conc. Salzsäure, 1 Raumtheil Wasser) und stellt es mit einer Pincette vorsichtig in A hinein, so dass es schräge an die Glaswand gelehnt ist.

Nachdem durch Einblasen von Luft in Flasche E und gleichzeitiges Oeffnen des Quetschhahnes p das Wasser in C genau auf

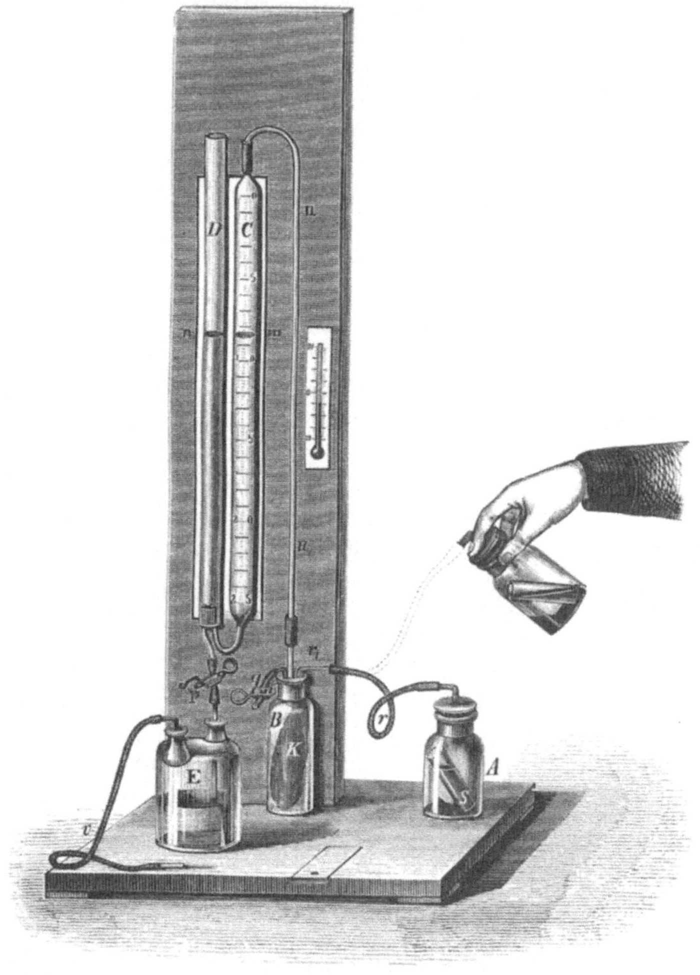

Fig. 9.
Scheibler'scher Apparat.

den Nullpunkt gehoben wurde, wird A mit dem gut befetteten Glasstöpsel fest verschlossen. Eine hierdurch eingetretene Luftpressung

und Verschiebung des Flüssigkeits-Niveaus in C und D wird durch einmaliges Oeffnen des Quetschhahnes q behoben.

Man fasst nun das Gefäss A mit Daumen und Mittelfinger der rechten Hand, während man mit dem Zeigefinger den Glasstöpsel andrückt und bringt die Flasche in eine derart schräge Lage, dass die in dem Guttaperchagefäss befindliche Salzsäure ausfliesst. Die stattfindende Zersetzung des in der Kohle enthaltenen Calciumcarbonats wird durch fortwährendes vorsichtiges Schütteln der Flasche A unterstützt und beschleunigt. Gleichzeitig öffnet man mit der linken Hand den Hahn p und lässt allmählich so viel Wasser nach E ab, als nothwendig ist, um das Niveau in den Röhren C und D auf nahezu gleiche Höhe zu bringen (in D etwas höher als in C).

Tritt bei längerem Schütteln von A ein Sinken des Wassers in C nicht mehr ein, so ist die Zersetzung beendet. Man lässt dann zum Ausgleich von Druck und Temperatur 5—10 Minuten stehen, stellt durch vorsichtiges Oeffnen des Quetschhahnes p das Niveau in C und D auf genau gleiche Höhe, liest den Wasserstand in C, sowie die Temperatur an einem am Apparate angebrachten Thermometer ab und findet mit Hilfe der beiden Zahlen in der dem Apparat beigegebenen, von Scheibler berechneten Tabelle direct den Procentgehalt an kohlensaurem Kalk.

d) **Schwefelsaurer Kalk.** 500 ccm des in b) erhaltenen Filtrates (A) werden mit reinem kohlensaurem Natron nahezu neutralisirt, durch Eindampfen concentrirt und mit Chlorbaryum gefällt. Die gefundene Schwefelsäure wird auf schwefelsauren Kalk umgerechnet.

e) **Schwefelcalcium.** Ca. 10 g feingepulverte Knochenkohle werden in rauchender Salpetersäure oder Salzsäure und chlorsaurem Kali gelöst, filtrirt, das Filtrat auf 500 ccm gebracht, und in 250 ccm die Schwefelsäure mit Chlorbaryum wie früher bestimmt.

Die nach d) gefundene Schwefelsäuremenge von der nunmehr ermittelten abgezogen, ergibt die dem Schwefel des Calciumsulfids entsprechende Schwefelsäure, aus der der Sulfidschwefel, resp. das Calciumsulfid leicht zu berechnen ist.

f) **Phosphorsäure.** Ihre Bestimmung ist im Kapitel Düngemittel genau beschrieben. Sie ist insbesondere bei Knochenkohle-Abfällen von Wichtigkeit.

VII. Gährungsgewerbe.

In diesem Kapitel soll die Untersuchung stärkemehlhaltiger Rohproducte, ferner der Stärke, des Malzes, der Hefe und des Spiritus besprochen werden.

1. Stärkemehlhaltige Rohproducte.

Die wichtigsten der durchzuführenden Bestimmungen sind die der Stärke und des Gesammtstickstoffs.

a) Stärke. Anschliessend an die in der Praxis üblichen Aufschliessungsverfahren, kommen zwei Methoden in Anwendung von denen die eine unter Mitwirkung von Hochdruck, die andere ohne denselben durchgeführt wird. Die auf die eine oder andere Weise aufgeschlossene Stärke wird schliesslich invertirt, die entstandene Dextrose bestimmt, und daraus der Stärkegehalt berechnet.

α) Methode von Reinke unter Mitwirkung von Hochdruck. Die Substanz wird in feingepulvertem Zustand — als Feinmehl — angewendet, dessen Feuchtigkeitsgehalt in separater Probe zu bestimmen ist. Ueberdies muss auch der Wassergehalt des ursprünglichen Productes ermittelt werden, um die für Feinmehl gefundenen Werthe auf dieses umrechnen zu können.

3 g des Feinmehles werden in einem Metallbecher oder einem Becherglase mit 25 ccm einer 1 proc. Milchsäurelösung und 30 ccm Wasser angerührt, mit einem Uhrglas bedeckt und im Soxhlet'schen Dampftopfe, in Ermangelung eines solchen in einer Lintner'schen Druckflasche 2½ Stunden auf 3½ Atmosphären erhitzt. Nach dem Erkalten wird mit 50 ccm heissem Wasser versetzt, in einen Messkolben zu 250 ccm gebracht und zur Marke aufgefüllt. Nach etwa halbstündigem Stehen und öfterem Umschütteln wird filtrirt.

200 ccm des Filtrats bringt man in einen Kochkolben, setzt 15 ccm Salzsäure von der Dichte 1,125 zu und erhält bei aufgesetztem Kühlrohr 2 Stunden in mässigem Kochen. Nach dem Abkühlen neutralisirt man soweit mit Lauge, dass die Flüssigkeit noch schwach sauer bleibt und füllt auf 500 ccm auf.

Um die zuzusetzende Menge Lauge ein für allemal zu wissen, titrirt man am besten 15 ccm der Salzsäure (1,125) mit derselben, verwendet aber zur Neutralisation eine etwas geringere Quantität.

In 50 ccm der neutralisirten Lösung, entsprechend 0,24 g Substanz, bestimmt man nun die Dextrose durch Reduction von Fehling'scher Lösung. Hiezu werden, nach der Vorschrift von Allihn, 30 ccm Kupfersulfatlösung und 30 ccm alkalische Seignettesalzlösung in einer 200 ccm fassenden Porzellanschale mit soviel Wasser verdünnt, dass nach Zugabe der zu untersuchenden Zuckerlösung das Gesammtvolumen 145 ccm beträgt (im gegebenen Fall daher mit 35 ccm Wasser), und zum Kochen erhitzt. In die kochende Flüssigkeit lässt man 50 ccm der Dextroselösung einlaufen und erhält, vom Momente des abermaligen Aufkochens angefangen, 2 Minuten im Sieden.

Die weitere Behandlung geschieht genau in der für die Invertzuckerbestimmung angegebenen Weise. In der nebenstehenden Tabelle von Allihn findet man den der gefundenen Kupfermenge entsprechenden Dextrosewerth, den man zur Umrechnung auf Stärke mit 0,9 multiplicirt.

Die Methode findet hauptsächlich zur Stärkebestimmung in Kartoffeln Anwendung.

β) Methode von Märcker ohne Anwendung von Hochdruck. Die Aufschliessung der Stärke erfolgt hier mittelst Diastase.

3 g der, wenn nöthig, im Soxhlet'schen Extractionsapparat vorher mit Aether entfetteten Substanz werden mit 100 ccm Wasser ½ Stunde bei aufgesetztem Kühlrohr gekocht, auf 65° abgekühlt, mit 10 ccm Malzextract (nach unten folgender Vorschrift bereitet) versetzt, ½ Stunde bei 65° erhalten, hierauf wieder ¼ Stunde gekocht, abermals auf 65° abgekühlt und unter nochmaligem Zusatz von 10 ccm Malzextract ½ Stunde bei dieser Temperatur erhalten. Zum Schlusse wird aufgekocht, abgekühlt, auf 250 ccm gefüllt und filtrirt. 200 ccm des Filtrats werden mit 15 ccm Salzsäure (1,125) invertirt, neutralisirt, auf 500 ccm gefüllt und 50 ccm zur Reduc-

Bestimmung des Traubenzuckers (Dextrose) nach F. Allihn.

Kupfer mg	Dextrose mg	Kupfer mg	Dextrose mg	Kupfer mg	Dextrose mg	Kupfer mg	Dextrose mg	Kupfer mg	Dextrose mg
10	6,1	56	28,8	102	51,9	148	75,5	194	99,4
11	6,6	57	29,3	103	52,4	149	76,0	195	100,0
12	7,1	58	29,8	104	52,9	150	76,5	196	100,5
13	7,6	59	30,3	105	53,5	151	77,0	197	101,0
14	8,1	60	30,8	106	54,0	152	77,5	198	101,5
15	8,6	61	31,3	107	54,5	153	78,1	199	102,0
16	9,0	62	31,8	108	55,0	154	78,6	200	102,6
17	9,5	63	32,3	109	55,5	155	79,1	201	103,2
18	10,0	64	32,8	110	56,0	156	79,6	202	103,7
19	10,5	65	33,3	111	56,5	157	80,1	203	104,2
20	11,0	66	33,8	112	57,0	158	80,7	204	104,7
21	11,5	67	34,3	113	57,5	159	81,2	205	105,3
22	12,0	68	34,8	114	58,0	160	81,7	206	105,8
23	12,5	69	35,3	115	58,6	161	82,2	207	106,3
24	13,0	70	35,8	116	59,1	162	82,7	208	106,8
25	13,5	71	36,3	117	59,6	163	83,3	209	107,4
26	14,0	72	36,8	118	60,1	164	83,8	210	107,9
27	14,5	73	37,3	119	60,6	165	84,3	211	108,4
28	15,0	74	37,8	120	61,1	166	84,8	212	109,0
29	15,5	75	38,3	121	61,6	167	85,3	213	109,5
30	16,0	76	38,8	122	62,1	168	85,9	214	110,0
31	16,5	77	39,3	123	62,6	169	86,4	215	110,6
32	17,0	78	39,8	124	63,1	170	86,9	216	111,1
33	17,5	79	40,3	125	63,7	171	87,4	217	111,6
34	18,0	80	40,8	126	64,2	172	87,9	218	112,1
35	18,5	81	41,3	127	64,7	173	88,5	219	112,7
36	18,9	82	41,8	128	65,2	174	89,0	220	113,2
37	19,4	83	42,3	129	65,7	175	89,5	221	113,7
38	19,9	84	42,8	130	66,2	176	90,0	222	114,3
39	20,4	85	43,4	131	66,7	177	90,5	223	114,8
40	20,9	86	43,9	132	67,2	178	91,1	224	115,3
41	21,4	87	44,4	133	67,7	179	91,6	225	115,9
42	21,9	88	44,9	134	68,2	180	92,1	226	116,4
43	22,4	89	45,4	135	68,8	181	92,6	227	116,9
44	22,9	90	45,9	136	69,3	182	93,1	228	117,4
45	23,4	91	46,4	137	69,8	183	93,7	229	118,0
46	23,9	92	46,9	138	70,3	184	94,2	230	118,5
47	24,4	93	47,4	139	70,8	185	94,7	231	119,0
48	24,9	94	47,9	140	71,3	186	95,2	232	119,6
49	25,4	95	48,4	141	71,8	187	95,7	233	120,1
50	25,9	96	48,9	142	72,3	188	96,3	234	120,7
51	26,4	97	49,4	143	72,9	189	96,8	235	121,2
52	26,9	98	49,9	144	73,4	190	97,3	236	121,7
53	27,4	99	50,4	145	73,9	191	97,8	237	122,3
54	27,9	100	50,9	146	74,4	192	98,4	238	122,8
55	28,4	101	51,4	147	74,9	193	98,9	239	123,4

Kupfer mg	Dextrose mg	Kupfer mg	Dextrose mg	Kupfer mg	Dextrose mg	Kupfer mg	Dextrose mg	Kupfer mg	Dextrose mg
240	123,9	285	148,3	330	173,1	375	198,6	420	224,5
241	124,4	286	148,8	331	173,7	376	199,1	421	225,1
242	125,0	287	149,4	332	174,2	377	199,7	422	225,7
243	125,5	288	149,9	333	174,8	378	200,3	423	226,3
244	126,0	289	150,5	334	175,3	379	200,8	424	226,9
245	126,6	290	151,0	335	175,9	380	201,4	425	227,5
246	127,1	291	151,6	336	176,5	381	202,0	426	228,0
247	127,6	292	152,1	337	177,0	382	202,5	427	228,6
248	128,1	293	152,7	338	177,6	383	203,1	428	229,2
249	128,7	294	153,2	339	178,1	384	203,7	429	229,8
250	129,2	295	153,8	340	178,7	385	204,3	430	230,4
251	129,7	296	154,3	341	179,3	386	204,8	431	231,0
252	130,3	297	154,9	342	179,8	387	205,4	432	231,6
253	130,8	298	155,4	343	180,4	388	206,0	433	232,2
254	131,4	299	156,0	344	180,9	389	206,5	434	232,8
255	131,9	300	156,5	345	181,5	390	207,1	435	233,4
256	132,4	301	157,1	346	182,1	391	207,7	436	233,9
257	133,0	302	157,6	347	182,6	392	208,3	437	234,5
258	133,5	303	158,2	348	183,2	393	208,8	438	235,1
259	134,1	304	158,7	349	183,7	394	209,4	439	235,7
260	134,6	305	159,3	350	184,3	395	210,0	440	236,3
261	135,1	306	159,8	351	184,9	396	210,6	441	236,9
262	135,7	307	160,4	352	185,4	397	211,2	442	237,5
263	136,2	308	160,9	353	186,0	398	211,7	443	238,1
264	136,8	309	161,5	354	186,6	399	212,3	444	238,7
265	137,3	310	162,0	355	187,2	400	212,9	445	239,3
266	137,8	311	162,6	356	187,7	401	213,5	446	239,8
267	138,4	312	163,1	357	188,3	402	214,1	447	240,4
268	138,9	313	163,7	358	188,9	403	214,6	448	241,0
269	139,5	314	164,2	359	189,4	404	215,2	449	241,6
270	140,0	315	164,8	360	190,0	405	215,8	450	242,2
271	140,6	316	165,3	361	190,6	406	216,4	451	242,8
272	141,1	317	165,9	362	191,1	407	217,0	452	243,4
273	141,7	318	166,4	363	191,7	408	217,5	453	244,0
274	142,2	319	167,0	364	192,3	409	218,1	454	244,6
275	142,8	320	167,5	365	192,9	410	218,7	455	245,2
276	143,3	321	168,1	366	193,4	411	219,3	456	245,7
277	143,9	322	168,6	367	194,0	412	219,9	457	246,3
278	144,4	323	169,2	368	194,6	413	220,4	458	246,9
279	145,0	324	169,7	369	195,1	414	221,0	459	247,5
280	145,5	325	170,3	370	195,7	415	221,6	460	248,1
281	146,1	326	170,9	371	196,3	416	222,2	461	248,7
282	146,6	327	171,4	372	196,8	417	222,8	462	249,3
283	147,2	328	172,0	373	197,4	418	223,3	463	249,9
284	147,7	329	172,5	374	198,0	419	223,9		

tion mit Fehling'scher Lösung verwendet. Die weitere Untersuchung erfolgt genau wie für a angegeben.

Aus dem in der Tabelle gefundenen Dextrosewerth ist jener abzuziehen, der den in 50 ccm enthaltenen 1,6 ccm Malzextract entspricht. Die Differenz mit 0,9 multiplicirt, gibt die Stärkemenge in 0,24 g Feinmehl.

Bereitung des Malzextractes. 100 g geschrotetes Darrmalz werden mit 1 L. Wasser übergossen, durch 6 Stunden unter öfterem Umschütteln macerirt und hierauf filtrirt. Das Filtrat wird durch Zusatz von etwas Chloroform haltbarer.

Dextrosewerth des Malzextractes. 50 ccm desselben werden mit 150 ccm Wasser versetzt, im Kolben mit Kühlrohr mit 15 ccm Salzsäure (1,125) 2 Stunden gekocht, nahezu neutralisirt, auf 500 ccm aufgefüllt, und 50 ccm wie früher mit Fehling'scher Lösung behandelt. Der dem gefundenen Kupfer entsprechende Dextrosewerth mit 0,32 multiplicirt, gibt die für 1,6 ccm Malzextract in Abzug zu bringende Dextrosemenge.

b) Gesammtstickstoff. Die Bestimmung erfolgt nach der Methode von Kjeldahl genau wie unter Stickstoffdünger (Seite 83) angegeben. Man verwendet 1 g Substanz. Durch Multiplication des gefundenen Stickstoffgehaltes mit 6,25 erhält man den Gehalt an Rohproteïn.

2. Stärke.

Die Untersnchung erstreckt sich zumeist auf die Bestimmung des Wassergehaltes, den Nachweis von Verunreinigungen und Verfälschungen, sowie auf die Feststellung des Rohmaterials, aus dem sie erhalten wurde. Für letzteren Zweck verwendet man fast ausschliesslich die mikroskopischen Prüfungsmethoden, die hier nicht weiter besprochen werden sollen*).

Eine Stärkebestimmnng kann durch Inversion von 2,5—3 g Substanz durch 3 stündiges Kochen mit 200 ccm Wasser und 20 ccm Salzsäure (1,125) vorgenommen werden. Die entstandene Dextrose wird wie früher mit Fehling'scher Lösung bestimmt, und werden nach Sachsse für 100 g Dextrose 91,67 g Stärke gerechnet. Die Bestimmung wird nur selten gemacht.

---

*) Es sei hier auf das vorzügliche kleine Werk von v. Höhnel „Die Stärke und die Mahlproducte" verwiesen.

a) **Wasser.** Ca. 10 g Stärke werden abgewogen, zuerst eine Stunde bei 40—50⁰ und dann bis zum constanten Gewicht (3—4 Stunden) bei 120⁰ C. getrocknet.

b) **Verunreinigungen und Verfälschungen.** Sie können unorganischer oder organischer Natur sein:

α) **unorganische.** Sie geben sich [bei der Bestimmung des Aschengehaltes zu erkennen und werden durch Analyse der Asche ermittelt. Mineralische Verfälschungen werden zumeist vorgenommen mit **Sand, Gyps, Kreide, Schwerspath, Thon.**

β) **organische.** Man bringt die Stärke mit Malzaufguss in Lösung und untersucht den verbliebenen Rückstand.

Er enthält die organischen **Verunreinigungen,** wie Holztheilchen, Fäden, Kohlenstaub, Reste von Schalen, Pilzsporen, etc. Organische **Verfälschungen** bestehen wohl nur in Zusätzen billiger Stärkesorten zu feineren und werden mikroskopisch nachgewiesen.

3. Malz.

Für die Malzuntersuchung ist hier die, nach den Vorschlägen von E. Jalowetz, am land- und forstwirthschaftlichem Congresse in Wien 1890 vereinbarte Methode angegeben.

a) **Wasser.** 4—5 g Malz werden in ganzen Körnern abgewogen und auf geeigneter Mühle möglichst quantitativ geschrotet. Die in Uhrgläsern mit Spangen befindliche Substanz wird im Trommelwasserbade in einer Atmosphäre von trockenem Wasserstoffgas, in Ermanglung desselben, in einem gut ventilirten Trockenschrank bei 98—104⁰ getrocknet. Die Trocknung erfordert im ersten Falle 6 Stunden, im letzteren 3—4 Stunden; sie ist beendet, wenn die Abnahme 0,25 % nicht mehr überschreitet.

Sehr feuchtes Malz wird bei 40—50⁰ vorgetrocknet.

b) **Extract.** 50 g Malz werden in ganzen Körnern abgewogen und verlustlos in einer Malzmühle gemahlen. Hierauf werden sie in einem tarirten, ungefähr 500 ccm fassenden Becherglas mit 200 ccm Wasser von 45⁰ eingemaischt und im Wasserbade durch eine halbe Stunde bei dieser Temperatur erhalten. Sodann wird die Temperatur der Maische successive, und zwar von Minute zu Minute um je 1⁰ gesteigert, so dass sie nach Verlauf von 25 Minuten auf 70⁰ angelangt ist.

Die Maische verbleibt nun so lange auf 70⁰ bis die Verzuckerung vollendet ist, was fast ausnahmslos nach einer Stunde der Fall sein wird. Man überzeugt sich davon durch Jodproben, die derart ausgeführt werden, dass man einen Tropfen der Maische auf ein Porzellanschälchen bringt, einen Tropfen Jod-Jodkaliumlösung zufliessen und einige Zeit ruhig stehen lässt. Die erste Probe wird 10 Minuten nach begonnener Verzuckerung, d. i. nachdem die Maische die Temperatur von 70° erreicht hat, durchgeführt. Die weiteren Jodproben erfolgen in Intervallen von 5 bis 10 Minuten. Die Verzuckerung ist als beendet zu betrachten, wenn die Jodreaction nur mehr schwach röthlich oder rein gelb erscheint. Die bis zu diesem Moment verstrichene Zeit heisst die Verzuckerungszeit. Nunmehr wird die Maische aus dem Wasserbad genommen, rasch auf 17° abgekühlt und mit annähernd 200 ccm kaltem Wasser versetzt. Dann wird auf der Wage durch Zusatz von Wasser das Gewicht der Maische auf 450 g ergänzt, gut gemischt und durch ein Faltenfilter in eine trockene Flasche filtrirt, wobei das Filter so gross genommen wird, dass das ganze Maischquantum auf einmal aufgegossen werden kann. Der erste Ablauf von ca. 100 ccm wird auf das Filter zurückgebracht und in dem neuerlich erhaltenen Filtrate die Dichte mittelst Pyknometers bestimmt. Das mit der Würze gefüllte Pyknometer soll ungefähr 1 Stunde im Temperirbade bei 17,5° verbleiben. Mit Hilfe der Dichte sucht man in der Balling'schen Tabelle den entsprechenden Extractgehalt e, das ist die Extractmenge in 100 g der Lösung.

Der Extractgehalt E des lufttrockenen Malzes lässt sich auf Grund der Proportion

$$(100 - e) : e = \left(400 + \frac{W}{2}\right) : \frac{E}{2}$$

berechnen, wobei W den Wassergehalt des Malzes in Procenten bedeutet.

Es ist dann

$$E = 2 \cdot \frac{e \left(400 + \frac{W}{2}\right)}{100 - e} .$$

In 100 Gewichtstheilen der Würze sind e Theile Extract und 100—e Theile Wasser enthalten. Das Gesammtgewicht der Maische betrug 450 g, und zwar 400 g Wasser und 50 g Malz mit W% Wasser, daher in Summe $400 + \frac{W}{2}$ g Wasser. Beträgt nun der Procentgehalt des Malzes an Extract

E, so sind in 50 g Malz $\dfrac{E}{2}$ g Extract enthalten. Damit ist die früher aufgestellte Proportion genügend erklärt.

c) Maltose. Die Bestimmung der Maltose wird auf gewichtsanalytischem Wege durch Reduction von Fehling'scher Lösung vorgenommen.

30 ccm der nach b) erhaltenen Würze werden auf 200 ccm verdünnt und 25 ccm der verdünnten Lösung in 50 ccm kochende Fehling'sche Lösung einfliessen gelassen. Man erhält durch 4 Minuten im Kochen, filtrirt das ausgeschiedene Kupferoxydul durch ein Asbestfilter und verfährt weiter in bekannter Weise. Die dem gefundenen Kupfer entsprechende Maltosemenge wird in der nebenstehenden Wein'schen Tabelle gefunden.

Wein'sche Tabelle zur Ermittlung der Maltose.

Cu mg	Maltose mg	Cu mg	Maltose mg
30	25,3	170	149,4
40	33,9	180	158,3
50	42,6	190	167,2
60	51,3	200	176,1
70	60,1	210	185,0
80	68,9	220	193,9
90	77,7	230	202,9
100	86,6	240	211,8
110	95,5	250	220,8
120	104,4	260	229,8
130	113,4	270	238,8
140	122,4	280	247,8
150	131,4	290	256,6
160	140,4	300	265,5

Ist diese Maltosemenge m, so sind in den ursprünglichen 30 ccm Würze 8 m Gramm Maltose enthalten. Ist ferner der Extractgehalt in 100 g Würze e, so ist die Extractmenge in 30 ccm oder 30 d Grammen (d = Dichte) = 0,3 . d . e. Um nun die Maltosemenge M in E g Extract zu finden, dient die Proportion

$$0,3 . d . e : 8\,m = E : M.$$

Der Procentgehalt an Maltose ist demnach:

$$M = \frac{8\,m\,E}{0,3 . d . e}.$$

d) **Diastatische Kraft.** Die Bestimmung beruht darauf, dass ein Malzauszug von bekanntem Gehalte eine um so grössere Stärkemenge verzuckert, je grösser die diastatische Kraft des Malzes ist. Zur Durchführung benöthigt man eine **Normal-Stärkelösung** und einen **Malzauszug.**

Stärkelösung. Man verwendet zu ihrer Herstellung eine lösliche Stärke, die bereitet wird, indem man eine beliebige Quantität Primakartoffelstärke mit $7\frac{1}{2}$proc. Salzsäure in solcher Menge übergiesst, dass die Säure über der Stärke steht. Nachdem 7 Tage bei gewöhnlicher Temperatur oder 3 Tage bei 40⁰ stehen gelassen wurde, zieht man die Säure ab, wäscht durch Decantiren mit kaltem Wasser bis zum Verschwinden der sauren Reaction und trocknet an der Luft. 2 g dieser Stärke werden nun in 100 ccm heissem Wasser gelöst. Die Lösung erhält sich durch mehrere Tage klar und kann auch noch nach eingetretener Trübung verwendet werden.

Malzauszug. 25 g gemahlenes Darrmalz oder gequetschtes Grünmalz werden mit 500 ccm Wasser 6 Stunden bei gewöhnlicher Temperatur extrahirt, sodann filtrirt, wobei man das Filtrat so oft wieder aufs Filter giesst, bis es vollkommen klar abläuft. Bei Grünmalz wird das Filtrat vor der Verwendung mit dem gleichen Volumen Wasser verdünnt.

Ausführung. Man bringt in 10 Proberöhrchen je 10 ccm der Stärkelösung, lässt der Reihe nach in dieselben 0,1, 0,2 bis 1,0 ccm Malzextract zufliessen, schüttelt gut durch und lässt bei Zimmertemperatur die Diastase 1 Stunde einwirken. Nach Ablauf dieser Zeit gibt man in jedes Röhrchen 5 ccm Fehling'sche Lösung, schüttelt wiederum gut durch und stellt die Proberöhrchen 10 Minuten in kochendes Wasser. Es lässt sich dann leicht jenes Röhrchen ermitteln, in welchem eben alles Kupferoxyd reducirt wurde. In demselben erscheint die über dem Kupferoxydulniederschlag stehende Flüssigkeit schwachbläulich, während sie in dem nächst höheren gelb, in dem nächst niederen stark blau gefärbt ist.

Bei sehr genauen Bestimmungen macht man noch eine Probe zwischen den gefundenen Grenzproben, indem man unter sonst gleich bleibenden Bedingungen den Malzauszug um je 0,02 ccm steigert.

Das **Fermentativvermögen** eines Malzes setzt man nach **Lintner** $= 100$, wenn 0,1 ccm eines wie oben bereiteten Malzauszuges eben 5 ccm Fehling'scher Lösung reduciren. Es fällt in demselben Verhältniss, als der Verbrauch an Malzauszug steigt, ist also bei 0,2 ccm Malzauszug = 50, bei 0,5 ccm Malzauszug = 20 etc.

Wurde bei Grünmalz mit dem gleichen Wasservolumen verdünnt, so ist das so gefundene Fermentativvermögen zu verdoppeln.

4. Hefe.

Bestimmung der Gährkraft. Man bringt 50 g Hefe und 400 ccm 10proc. Rohrzuckerlösung in eine Flasche, welche man mittelst Kautschuckstopfens, in dem sich ein kleiner Schwefelsäuretrockenapparat eingesetzt befindet, verschliesst. Man wägt Flasche nebst Inhalt und Trockenapparat, bringt die Flasche in ein Wasserbad von genau 30º C. und ermittelt nach 24 Stunden den Gewichtsverlust, der durch Entweichen von Kohlensäure stattgefunden hat.

Nach Heyduck soll stärkefreie Presshefe, von der man jedoch nur 5 g zur Bestimmung anwendet, hierbei 8—12 g Kohlensäure entwickeln. 0,4904 g Kohlensäure entsprechen 1 g zersetztem Rohrzucker.

5. Spiritus.

a) Alkoholgehalt. Bei reineren Spiritussorten wird derselbe mittelst eigener Aräometer, Alkoholometer, ermittelt, und bedient man sich am besten der amtlich geaichten Instrumente. Die Normaltemperatur ist in Oesterreich mit 12º R., in Deutschland mit $12^4/_9{}^0$ R. festgestellt.

Die Ablesung erfolgt bei beliebiger Temperatur und wird aus der gefundenen scheinbaren Stärke und der Thermometerablesung mit Hilfe der jedem Instrumente beigegebenen Tabellen durch Interpolation die wahre Stärke ermittelt. Aus einer weiteren Tabelle lässt sich auf Grundlage der wahren Stärke das wahre Volumen des Spiritus aus dem scheinbaren Volumen bei der herrschenden Temperatur bestimmen. Eine dritte Tabelle enhält die Zahlen zur Umrechnung des Gewichtes des Spiritus auf wahres Volumen.

Für unreinere Spiritussorten, dann für vergohrene Maischen ist diese Methode nicht anwendbar und erfolgt bei denselben die Bestimmung des Alkoholgehaltes nach der Destillationsmethode. Hierzu werden 100—200 ccm der zu prüfenden Flüssigkeit in einem Kolben mit dem gleichen Volumen Wasser verdünnt, und genau die Hälfte des Inhalts abdestillirt. Im Destillat findet sich dann der ganze ursprünglich enthaltene Alkohol in dem gleichen Flüssigkeitsquantum, wie vor der Destillation. Durch Bestimmung der Dichte des Destillats mittelst Alkoholometer oder Pyknometer lässt sich mithin wie früher der Alkoholgehalt ermitteln.

b) **Fuselölgehalt.** Die gebräuchlichsten Methoden sind die nach Röse und nach Traube (mit dem Stalagmometer). Letztere ist minder zuverlässig, aber rasch durchführbar und häufig ausreichend genau.

α) **Methode nach Röse** (modificirt von Stutzer und Reitmair). Sie beruht auf folgendem Princip: Chloroform nimmt aus einem Gemisch von Aethylalkohol und Wasser eine bestimmte Menge des ersteren beim Schütteln auf, und erfährt dadurch eine Volumsvergrösserung. Enthält der Alkohol Fuselöl, so wird auch dieses aufgenommen, mithin eine grössere Volumszunahme stattfinden. Die Grösse dieser letzteren Volumszunahme bietet einen Maassstab für den Gehalt an Fuselöl.

Der verwendete **Schüttelapparat** besteht aus einer an einem Ende zugeschmolzenen Glasröhre, deren anderes Ende eine birnförmige, mit Stöpsel gut verschliessbare Erweiterung trägt. Der mittlere Theil der Röhre ist verengt und graduirt. Es existiren zwei verschiedene Grössen des Apparats. Bei dem kleineren von Herzfeld beginnt die Graduirung bei 20 ccm und reicht bis 26, beim grösseren beginnt sie bei 50 und reicht bis 56; bei beiden ist die Theilung in 0,05 ccm vorgenommen.

Ausführung. Man füllt in den in Wasser von genau 15^0 hängenden, vollkommen trockenen Apparat Chloroform von 15_0 bis zum unteren Theilstrich (20, resp. 50 ccm), fügt 100 (resp 250) ccm des zu untersuchenden, genau auf 30 Volumprocente verdünnten Spiritus und 1 (resp. 2,5) ccm Schwefelsäure (Dichte 1,286) hinzu. Nun lässt man den Gesammtinhalt der Schüttelbürette in die Birne laufen, schüttelt andauernd (etwa 150 mal) kräftig durch und hängt wieder in Wasser von 15^0 C. Nach dem Absetzen des Chloroforms und dem Entfernen an den Wänden haftender Chloroformtröpfchen durch leichtes Klopfen mit dem Finger wird das Chloroformvolumen an der Scala abgelesen.

Von diesem Volumen ist die **Basis** abzuziehen, das ist jene Volumsvermehrung, welche das Chloroform beim Ausschütteln mit reinem, fuselfreiem Aethylalkohol zeigt. Da diese auch von der

Beschaffenheit des verwendeten Chloroforms abhängig ist, muss sie bei Verwendung eines neuen Chloroforms neu ermittelt werden. Auch ist für alle Versuche dieselbe Schwefelsäure zu verwenden. Der erforderliche reine Alkohol wird am sichersten durch fractionirte Destillation erhalten, da auch das im Handel als „reinst" geltende Product vielfach nicht genügt. Im Uebrigen wird der Versuch wie früher vorgenommen.

Zieht man nun von der Volumsvermehrung, die der zu untersuchende Spiritus ergab, die Basis ab, so ergibt die Differenz die dem Fuselölgehalte entsprechende Vermehrung. Aus dieser findet man den Fuselölgehalt in Volumprocenten des ursprünglichen (nicht des 30proc.) Spiritus, bei Anwendung des kleinen Apparates durch die Formel:

$$f = \frac{d\,(100 + a)}{150}$$

worin d die Differenz zwischen der gefundenen Volumsvermehrung des Chloroforms und der Basis und a den Wasser-, beziehungsweise Alkoholzusatz bedeutet, der erforderlich war, um 100 ccm des ursprünglichen Spiritus auf 30 Volumprocente zu bringen. Die Formel beruht auf der von Stutzer und Reitmair gemachten Beobachtung, dass je 0,15 ccm Volumvermehrung 0,1 Volumprocent Fuselöl im 30proc. Alkohol entsprechen*).

Bei Ausführung der Methode sind noch folgende Punkte zu beachten:

Der zu untersuchende Spiritus muss genau 30 Volumprocente = 0,96564 spec. Gewicht besitzen. Als äusserste zulässige Schwankung sind 29,95—30,05 Volumprocent zu bezeichnen, da schon ± 0,1 Volumprocent Alkohol eine Volumvermehrung des Chloroforms um ∓ 0,03 ccm entsprechend 0,02 Volumprocente Fuselöl bedingen. Die Wassermenge, die erforderlich ist, um Spiritus von mehr als 30 Volumproc. auf 30 Proc. zu verdünnen, findet sich aus einer (auch im Chemikerkalender verzeichneten) Tabelle.

Die Temperatur muss sowohl bei Abmessen der Flüssigkeiten wie beim Ablesen des Volumens möglichst genau 15° betragen und darf höchstens eine Schwankung von 14,5 — 15,5° zeigen. Zur Correctur auf 15° ist für je 0,1° unter der Normaltemperatur 0,01 ccm zuzuzählen, über derselben abzuziehen.

---

*) Für den grossen Schüttelapparat entsprechen 0,15 ccm Volumsvermehrung 0,04 Proc. Fuselöl.

Bei der Untersuchung von Feinsprit, bei welchem minimale Mengen Fuselöl schon von Einfluss auf den Werth sind, empfehlen Stutzer und Reitmair bei fuselarmem Sprit eine Anreicherung durch fractionirte Destillation. Da diese Anreicherung jedoch nur bis 0,15 Volumproc. Fuselöl gelingt, so hat man sich vorher zu überzeugen, ob die genannte Grenze nicht schon im ursprünglichen Product überschritten ist. Ist dies nicht der Fall, so werden 1000 ccm Sprit mit 100 g, oder, wenn der Sprit unter 90 Volumprocente Alkohol hatte, mit noch mehr trockener Potasche in einen grossen Fractionskolben gebracht und nach 2—3 Stunden aus einem Salzbade destillirt. Die zuerst übergehenden 500 ccm werden gemeinschaftlich aufgefangen, später jede weiteren 100 ccm getrennt. Nachdem alles abdestillirt, lässt man den Kolben erkalten, giesst in denselben 200—250 ccm Wasser und destillirt davon etwa 100 ccm ab. Dieses wässerige Destillat verwendet man zum Verdünnen der letzten Fraction, welche (bei einem Gehalte von nicht mehr als 0,15 Proc. Fuselöl im ursprünglichen Sprit) das Fuselöl vollkommen enthält. Diese Fraction kommt in den Schüttelapparat. Die Bestimmung der Basis kann mit einer der mittleren, auf 30 Volumprocente verdünnten Fractionen durchgeführt werden.

Bei Untersuchung von Flüssigkeiten, welche Stoffe enthalten, die auf die Volumsveränderung von Einfluss sind (Aldehyde, Aetherarten, flüchtige Säuren u. a. erhöhend, ätherische Oele erniedrigend), wie bei Branntwein, Liqueur, etc., muss man zu deren Beseitigung eine Destillation unter Zusatz von etwas Aetzkali vornehmen. Hierzu werden 200 ccm der Probe in einen geräumigen Destillationskolben gebracht, $^4/_5$ des Volumens abdestillirt, das Destillat in einem 200 ccm Kolben aufgefangen und mit Wasser von 15° zur Marke aufgefüllt.

β) Methode nach Traube mit dem Stalagmometer. Sie beruht auf der Beobachtung, dass die Tropfengrösse, d. i. das Volumen eines Tropfens der aus einer capillaren Oeffnung einer kreisförmigen, ebenen Fläche heraustritt, in einem bestimmten Verhältniss zum Fuselölgehalt steht.

Der Apparat besteht aus einer an beiden Seiten zu einer Röhre ausgezogenen Kugel. Die eine Röhre, das Ausflussrohr ist an ihrem Ende scheibenförmig erweitert und trägt daselbst eine capillare, nach unten kegelförmig erweiterte Oeffnung. Durch zwei an den Röhren angebrachte Marken ist ein constantes Volumen begrenzt. Am Instrumente ist eingeätzt, wie viel Tropfen dieses Volumen für 20 proc. reinen Sprit bei einer bestimmten Temperatur liefert. Aus einer dem Apparate beigegebenen Erklärung ist die Correctur an obiger Angabe bei einem Temperaturunterschied zu entnehmen.

Der zu untersuchende Sprit ist auf 20 Volumprocente zu verdünnen; die nöthige Wassermenge ergibt sich, nachdem die Dichte pyknometrisch ermittelt worden, aus der (beim Verfahren von Röse) erwähnten Tabelle. Sind ätherische Oele enthalten, so muss auch hier zuerst eine Destillation vorgenommen und das Destillat erst verdünnt werden.

Nachdem die Flüssigkeit Zimmertemperatur angenommen, füllt man durch Ansaugen das gutgereinigte und getrocknete Instrument bis über die obere Marke an und achtet darauf, dass keine Luftblasen in dasselbe gelangen. Dann stellt man auf die obere Marke ein, lässt bis zur unteren Marke ausfliessen und zählt die Anzahl der Tropfen. Der zum Schlusse noch anhängende Tropfen wird abgeschätzt. Nach Traube soll der Maximalfehler nicht mehr als 0,2 Tropfen auf je 100 ccm betragen, und durch das Verfahren noch 0,1 bis selbst 0,05 Proc. Fuselöl bestimmt werden können. Für noch kleinere Fuselölmengen bis 0,02 Proc. empfiehlt er eine Concentration durch Ausschütteln mit Ammoniumsulfatlösung, welche Fuselöl aufnimmt. Durch Destillation derselben wird das Fuselöl in concentrirterem Zustand erhalten.

Zur Berechnung bildet man die Differenz zwischen der gefundenen Tropfenzahl und der am Instrument verzeichneten, corrigirt für die herrschende Temperatur, sucht in der, dem Apparate beigegebenen Tabelle die nächstniedrigere Differenz und findet durch Interpolation den gesuchten Fuselölgehalt in Procenten des 20 procentigen Sprit.

Wurde der Fuselgehalt aus der Tabelle gleich b gefunden, und ist a die zur Verdünnung von 100 ccm des ursprünglichen Sprits auf 20 Volumprocente nöthige Wassermenge, so ergibt sich der Gehalt an Fuselöl (f) in Volumprocenten ursprünglichen Sprits zu:

$$f = \frac{(100 + a)\, b}{100}.$$

6. Methylalkohol (Holzgeist).

Derselbe findet in der Farbenindustrie sowie als Denaturirungsmittel des Weingeists Anwendung.

Verunreinigungen, welche sich gewöhnlich im Holzgeist finden, sind: Aldehyd, Aceton, Methylacetat, Dimethylacetal, Allylalkohol, Aethylalkohol. Hier sei nur die quantitative Bestimmung des enthaltenen Acetons besprochen.

Die hiezu verwendeten Methoden gründen sich darauf, dass Aceton durch Jod bei Gegenwart von Alkalien in Jodoform verwandelt wird, während weder Methylalkohol, noch die sonst vorhandenen Verbindungen dessen Bildung veranlassen. Nach dem zu beschreibenden Verfahren von Messinger setzt man zur Jodoformbildung eine bekannte Jodmenge zu und titrirt den Jodüberschuss zurück.

Man bringt 1—1,5 ccm des Holzgeistes in eine 250 ccm fassende Schüttelflasche, setzt 20 ccm Normalalkalilösung hinzu, hierauf 20—30 ccm $^1/_5$ Normal-Jodlösung und schüttelt $^1/_2$ Minute tüchtig durch. Man neutralisirt nun das Alkali genau mit Salzsäure (20 ccm Normalsalzsäure) und titrirt den Jodüberschuss mit $^1/_{10}$ Normal-Hyposulfitlösung zurück, unter Anwendung von Stärkelösung als Indicator.

Die Anzahl der Gramme Aceton in 100 ccm des Holzgeistes (y) findet man aus der Gleichung:

$$y = \frac{m}{n} \cdot 7{,}612$$

worin m die zur Jodoformbildung verbrauchte Jodmenge und n die zur Untersuchung verwendete Menge des Holzgeistes in ccm bedeutet.

VIII. Fette, Wachse und Mineralöle.

Fette sind Gemenge von Triglyceriden einbasischer Fettsäuren, Pflanzen- und Thierwachse Fettsäureester höherer Fettalkohole (Cetyl-Ceryl-Myricyl-Alkohol), Mineralwachse und Mineralöle bestehen aus Kohlenwasserstoffen.

Dieser verschiedenen chemischen Zusammensetzung entsprechend, zeigen die genannten Körpergruppen ein wesentlich verschiedenes und charakteristisches Verhalten gegen Alkalien. Die Fette werden beim Behandeln mit Alkalien in fettsaure Salze (Seifen) und Glycerin gespalten, welche beide Producte in Wasser löslich sind — sie sind daher vollkommen verseifbar. Pflanzen- und Thierwachse geben bei derselben Behandlung wasserlösliche fettsaure Salze und unlösliche höhere Fettalkohole, und werden als nur unvollkommen verseifbar bezeichnet, Mineralöle und Wachse werden durch Alkalien nicht verändert, sie sind unverseifbar.

A. Fette.

1. Allgemeine Untersuchungsmethoden.

Wiewohl die Fette Gemenge vieler Triglyceride repräsentiren, ist das Mengenverhältniss derselben in jeder Fettsorte ein ziemlich constantes. Auf Grund dessen lassen sich bei jedem Fett gewisse, wenig variirende Werthe, — sogenannte Constanten — ermitteln, die mit ziemlicher Sicherheit zur Erkennung desselben führen können. Von diesen Constanten seien hier besprochen:

a) Die Verseifungszahl. Sie gibt an, wie viel Milligramme Kalihydrat zur Verseifung eines Grammes Fett nothwendig sind und ist ein Maass für die Sättigungscapacität der aus dem Fett erhaltenen Fettsäuren.

b) Die Hübl'sche Jodzahl, welche die Procentmenge Jod

anzeigt, die ein Fett zu absorbiren vermag und als Maass für den Gehalt an ungesättigten Fettsäuren (Oelsäure- Leinölsäure- und Linolensäurereihe) dient.

c) Die Acetylzahl als Maass für den Gehalt an Oxyfettsäuren und Fettalkoholen.

d) Die Säurezahl. Sie drückt die Anzahl Milligramme Kalihydrat aus, die zur Neutralisation der in einem Gramm Fett enthaltenen, freien Fettsäuren erforderlich sind, dient daher als Maass für die im Fett enthaltenen, freien Fetsäuren.

a) Verseifungszahl (Köttstorfer'sche Zahl).

Zur Bestimmung der Verzeifungszahl sind erforderlich:

α) eine ca. $^1/_2$ normale Salzsäure, von genau gestelltem und und auf Kalihydrat berechnetem Titer.

β) eine alkoholische Kalilauge, bereitet aus ca. 30 g alkohol-gereinigtem Aetzkali, welches in sehr wenig Wasser gelöst und mit fuselfreiem Alkohol auf 1 Liter verdünnt wird. Nach eintägigem Stehen filtrirt man in eine Flasche und steckt durch die Bohrung eines gut passenden Kautschukstöpsels eine Pipette zu 25 ccm, die oben ein Stück Kautschukschlauch mit Quetschhahn trägt. War der Alkohol rein, so nimmt die Lösung auch nach monatelangem Stehen höchstens eine weingelbe, aber keine braune Farbe an.

Zur Durchführung werden 1—2 g in einen weithalsigen Kolben von 150—200 ccm Inhalt gebracht. Man bedient sich zweckmässig zum Abwägen eines mit Ausguss versehenen, kleinen Wägegläschens, bringt 50—60 Tropfen des Oeles in den Kolben und wägt zurück. Nunmehr lässt man aus der Pipette 25 ccm der alkoholischen Kalilauge in den Kolben fliessen, und zählt, um stets eine genau gleiche Menge zu verwenden, die Anzahl der nachfliessenden Tropfen. Dann bringt man, mittelst passenden Korkes ein Rückflussrohr auf den Kolben, und erwärmt unter öfterem Umschütteln am Wasserbade zum anhaltenden Sieden. Die Verseifung ist in der Regel nach 15 Minuten, bei schwer verseifbaren Fetten nach $^1/_2$ Stunde beendet. Nun setzt man etwas Phenolphtaleïnlösung*) zu und titrirt den Ueberschuss von Aetzkali mit der $^1/_2$ Normal-Salzsäure zurück.

---

*) Bei gefärbten Lösungen empfiehlt es sich, Alkaliblau als Indicator zu verwenden.

Da der Titer der alkoholischen Kalilauge etwas veränderlich ist, titrirt man bei jedem Versuch neuerdings 25 ccm derselben mit Salzsäure und hält dabei die gleichen Bedingungen wie früher ein, nämlich gleich langes Erwärmen am Wasserbade etc. Die Differenz zwischen der für diese und für die erste Titration benöthigten Anzahl ccm Salzsäure, wird in mg Kalihydrat ausgedrückt und, um die Verseifungszahl zu erhalten, auf 1 g Fett umgerechnet.

b) v. Hübl'sche Jodzahl.

Während Jod nur langsam auf Fette einwirkt, werden ungesättigte Fettsäuren durch eine alkoholische Lösung von Jod und Quecksilberchlorid leicht in Chlorjodadditionsproducte verwandelt.

Zur Durchführung sind erforderlich:

α) Jodlösung. 25 g Jod und 30 g Quecksilberchlorid werden getrennt in je 500 ccm 95 proc. fuselfreiem Alkohol gelöst, letztere Lösung wenn nöthig filtrirt und dann beide vereinigt*). Vor dem Gebrauch soll die Flüssigkeit 24 Stunden stehen, da der Titer sich anfangs rasch ändert. In die Flasche kann man wie früher eine 25 ccm-Pipette einsetzen.

β) Natriumhyposulfitlösung. Sie wird annähernd $^1/_{10}$ normal bereitet, und der Titer am besten mit einer Kaliumbichromatlösung gestellt, welche 3,874 g im Liter enthält. 10 ccm dieser Lösung entsprechen 0,1 g Jod.

γ) Chloroform. 10 ccm desselben mit 10 ccm Hübl'scher Jodlösung versetzt, sollen nach 2—3 Stunden die gleiche Menge Hyposulfitlösung verbrauchen, wie dieselbe Menge Jodlösung für sich allein benöthigt.

δ) Jodkaliumlösung. 1 Th. Jodkalium auf 10 Th. Wasser.

η) Stärkelösung. Frisch bereiteter 1 proc. Stärkekleister.

Man bringt von trocknenden Oelen und Thranen 0,15 bis 0,18 von nicht trocknenden 0,25—0,35 von festen Fetten 0,8—1 g in eine ca. 500 ccm fassende, gut schliessende Stöpselflasche und setzt 10 ccm Chloroform und 25 ccm Jodlösung zu. Ist die Flüssigkeit nach dem Umschwenken nicht klar, so fügt man noch etwas Chloroform zu. Tritt nach kurzer Zeit fast vollständige Entfärbung ein, so muss man eine weitere, gemessene Jodmenge zusetzen, so zwar, dass die Flüssigkeit nach etwa sechsstündigem

---

*) Nach Waller wird die Hübl'sche Jodlösung viel haltbarer, wenn man zu 500 ccm derselben 25 ccm Salzsäure (sp. G. **1,19**) zufügt.

Stehen noch stark braun gefärbt erscheint. Man versetzt nachher mit 20—25 ccm Jodkaliumlösung und verdünnt mit 200—300 ccm Wasser. Ein sich etwa ausscheidender, rother Niederschlag von Quecksilberjodid wird durch weiteren Jodkaliumzusatz gelöst. Nun lässt man unter öfterem Umschütteln so lange Hyposulfitlösung zufliessen, bis die wässrige Flüssigkeit und die Chloroformschichte nur mehr schwach gefärbt erscheinen, und titrirt unter Zusatz von etwas Stärkelösung vorsichtig bis zu voller Entfärbung zu Ende. Gleichzeitig mit dem Versuche werden 25 ccm der Jodlösung in gleicher Weise mit Hyposulfitlösung gestellt. Aus der Differenz beider Titrationen wird die absorbirte Jodmenge gefunden und in Procenten angegeben.

Die Resultate stimmen gut überein, wenn genügender Jod-überschuss vorhanden war; derselbe soll etwa die Hälfte der an-gewendeten Jodmenge betragen. Auch soll die Titration erst nach sechsstündigem Stehen vorgenommen werden; längeres Stehen be-einflusst die Genauigkeit des Resultates durchaus nicht.

c) Acetylzahl.

Die Acetylzahl nach Benedikt und Ulzer gibt die Anzahl der Milligramme Kalihydrat an, die zur Verseifung der in 1 g acetylirter Fettsäuren enthaltenen Acetylgruppen erforderlich sind.

Zu ihrer Bestimmung müssen zunächst die freien Fettsäu-ren aus dem Fett gewonnen werden, zu welchem Zwecke 30 g des Fettes in einem Kolben mit 60—70 ccm Alkohol und 10 g in wenig Wasser gelöstem Aetzkali versetzt, und nach Anbringen eines Rückflussrohres am Wasserbade bis zur vollen Verseifung gekocht werden. Die Flüssigkeit muss, wenn letzteres der Fall ist, nach Einspritzen von etwas Wasser, und Umschwenken voll-kommen klar bleiben. Man vertreibt nun den grössten Theil des Alkohols am Wasserbade, löst den zurückbleibenden Seifenleim in warmem Wasser, giesst in ein ca. 1 L. fassendes Becherglas, zersetzt die Seife mit verdünnter Schwefelsäure und kocht unter Durchleiten eines Kohlensäurestromes (um ein Stossen zu vermei-den) bis die Fettsäuren vollkommen geschmolzen sind. Hierauf hebert man die saure Flüssigkeit möglichst ab, kocht die Fett-säuren neuerdings mit Wasser, hebert wieder ab und wiederholt dies, bis das abgezogene Wasser nicht mehr sauer reagirt. Nun-mehr werden die Fettsäuren durch ein trockenes Filter im Warm-wassertrichter filtrirt und durch zweistündiges Kochen mit dem gleichen Volumen Essigsäureanhydrid im Kölbchen mit Rückfluss‐ rohr acetylirt. Der Kolbeninhalt wird in ein Becherglas von ca. 1 L. Inhalt gebracht, mit 500—600 ccm Wasser übergossen und $\frac{1}{2}$ Stunde gekocht, wobei man wie früher durch ein bis nahe an den Boden reichendes Capillarrohr Kohlensäure durchleitet. Man hebert nach einiger Zeit das Wasser ab und kocht noch dreimal in gleicher Weise aus, wodurch sämmtliche Essigsäure entfernt wird. Schliesslich filtrirt man die acetylirten Säuren im Luft‐ bade bei etwa 80° durch ein trockenes Filter.

In einem Theil der acetylirten Fettsäuren bestimmt man nun nach a) die Verseifungszahl und erhält die „Acetylverseifungs‐ zahl", in einem anderen Theil nach dem im Folgenden für die Säurezahl angegebenen Verfahren die „Acetyl-Säurezahl." Die Differenz zwischen beiden ergibt die „Acetylzahl.

Unter den Oelen, welche Oxyfettsäuren enthalten, sei beson‐ ders erwähnt das Ricinusöl. Enthält ein Fett keine Oxyfett‐ säuren, so ist die Acetylzahl gleich Null.

d) Säurezahl.

Ca. 10 g des Fettes werden in einem Kolben mit etwa 50 ccm reinem und säurefreiem 95 proc. Alkohol unter öfterem Um‐ schütteln schwach erwärmt, nach dem Erkalten etwas Phenol‐ phtaleïnlösung zugefügt und mit $\frac{1}{2}$ Normallauge bis zur Roth‐ färbung titrirt. Die verbrauchte Anzahl Milligramme Kalihydrat auf ein g Substanz umgerechnet ergibt die Säurezahl. Lagen freie Fettsäuren zur Untersuchung vor, so ist die Säurezahl mit der Verseifungszahl identisch.

Zuweilen wird der Säuregehalt eines Fettes nach Burstyn‐ Graden angegeben. Diese drücken die Anzahl ccm Normallauge aus, welche zur Absättigung der in 100 ccm des Fettes enthaltenen freien Säure erforderlich sind.

Die Bestimmung der Säurezahl wird unter Anderem auch bei den als Schmiermittel zu verwendenden Fetten durchgeführt.

Folgende Tabelle*) enthält die Jodzahlen und Verseifungszahlen der wichtigsten Fette.

---

*) Die in der Tabelle enthaltenen Minima und Maxima sind nur in vereinzelten Fällen gefundene Werthe. Normal gelten die als „Mittel" angegebenen Zahlen.

Bezeichnung des Fettes	Jodzahl			Verseifungszahl		
	Min.	Max.	Mittel	Min.	Max.	Mittel
Olivenöl	79	88	82—83	185	196	193
Sesamöl	103	112	108—109	187	192	190
Erdnussöl (Arachisöl)	87,3	103	94—96	190	197	194
Baumwollensamenöl (Cottonöl)	102	112	108—109	191	198	195,5
Ricinusöl	82	85,9	84,5	176	183	180
Rüböl	98	104	100—101	175	179	177
Leinöl	170	183	178	187,4	195,2	192
Hanföl	140,5	157,5	150	190	193	191,5
Sonnenblumenöl . . .	122	134	128	189	194	192
Dorschleberthran . . .	123	166	144—148	175	194	182—187
Palmöl	51	52,4	51,5	200	202,5	201,5
Cocosöl	8	9,35	8,5	253	262	257
Butterfett	26	35	33	221	227	224
Rindertalg	35,5	44	39	193	206	197
Knochenfett	46	55	49	—	—	190,9

Ausser den erwähnten Bestimmungen wird häufig auch die Dichtenbestimmung vorgenommen, wozu man bei flüssigen Fetten am besten das Pyknometer verwendet. Nachdem aber die Dichten nicht unbeträchtlich bei einem und demselben Oel variiren, und bei verschiedenen Oelen zuweilen ziemlich gleich gross sind, können sie nur in seltenen Fällen einen sicheren Anhaltspunkt bieten.

Ueber den Nachweis und die Bestimmungen von unverseifbaren Bestandtheilen, dann von Fichtenharz und Colophonium in Fetten finden sich in den Kapiteln Wachs, Mineralöl und Seife einige Anhaltspunkte.

2. Eintheilung der Fette.

Dieselbe ergibt sich aus folgendem Schema:

a) Flüssige Fette.
α) Trocknende Oele,
β) nichttrocknende Oele,
γ) Thrane,
δ) flüssige Wachse,
b) feste Fette.

a) Flüssige Fette.

α) Trocknende Oele. Sie bestehen der Hauptmasse nach aus Glyceriden der Leinölsäuren und Linolensäuren. Sie absorbiren viel Sauerstoff, trocknen in dünnen Schichten an der Luft zu firnissartigen Massen und geben kein Elaïdin.

β) Nichttrocknende Oele. Sie enthalten viel Oleïn, trocknen an der Luft nur äusserst schwierig oder nur bei höherer Temperatur ein, absorbiren wenig Sauerstoff und geben Elaïdin.

γ) Thrane. Aus Seethieren stammende Fette, die viel Sauerstoff absorbiren, nicht zu Firniss eintrocknen und kein oder wenig Elaïdin geben. Sie geben mit Natronlauge, Schwefelsäure, Salpetersäure und Phosphorsäure intensive Färbungen, von welchen die Färbung mit Phosphorsäure als charakteristischste Unterscheidung von den Oelen dienen kann. Sie wird erhalten, indem man 5 Vol. Oel mit 1 Vol. syrupöser Phosphorsäure erwärmt. Sämmtliche Thrane geben dabei, auch wenn sie mit anderen Oelen vermischt sind, intensiv rothe, braunrothe oder braunschwarze Färbungen.

δ) Flüssige Wachse. Aus Seethieren stammende Oele, die der Hauptmasse nach aus Estern einatomiger Fettalkohole bestehen und nur geringe Mengen Glyceride enthalten*). Sie sind, wie die eigentlichen Wachse, nur zum Theil verseifbar, haben in Folge dessen nur sehr niedrige Verseifungszahlen. Der unverseifbare Theil ist fest und besteht aus einatomigen Fettalkoholen. Sie geben nur 60—65 Proc. Fettsäuren, gegenüber 95 Proc. aus anderen Oelen. Sie nehmen wenig Sauerstoff aus der Luft, trocknen nicht ein und geben kein Elaïdin.

Unterscheidung der trocknenden und nichttrocknenden Oele. Da das vollständige Eintrocknen dünner, auf einer Glasplatte ausgebreiteter Schichten trocknender Oele an der Luft meist zu lange Zeit erfordert, kann dieses Verhalten kaum einen bestimmten Aufschluss geben. Hingegen empfehlen sich folgende Methoden:

Elaïdinprobe. Sie beruht darauf, dass die Glyceride der Oelsäurereihe durch salpetrige Säure in feste Glyceride iso-

---

*) Die Einreihung derselben unter die „Fette" ist demnach eine mehr oder weniger willkürliche.

merer Fettsäuren der Elaïdinsäurereihe verwandelt werden, während die Glyceride der Leinölsäure etc. flüssig bleiben.

Zur Durchführung werden 10 g Oel, 5 g Salpetersäure von 40—42º Bé und 1 g Quecksilber in eine Eprouvette gebracht, das Quecksilber durch 3 Minuten andauerndes, starkes Schütteln gelöst, dann stehen gelassen und nach 20 Minuten wieder eine Minute lang geschüttelt. Von diesem Zeitpunkte an wird beispielsweise Olivenöl nach 1 Stunde, Erdnussöl nach 1 Stunde und 20 Minuten, Sesamöl nach 3 Stunden ·5 Minuten fest, während Leinöl und Leberthran einen rothen, teigigen Schaum geben, Hanföl unverändert bleibt.

Statt Quecksilber kann auch Kupfer verwendet werden.

Maumené's Probe. Sie gründet sich darauf, dass sich trocknende Oele beim Mischen mit Schwefelsäure weit stärker erhitzen als die nicht trocknenden. Die Probe wird derart ausgeführt, dass man 50 ccm Oel in ein etwa 100 ccm fassendes Becherglas bringt, die Temperatur des Oeles mittelst eingesenkten Thermometers bestimmt, und aus einer Pipette 10 ccm conc. Schwefelsäure von derselben Temperatur in der Zeit von ca. 1 Minute unter Umrühren mit dem Thermometer einfliessen lässt. Um Wärmeverluste zu vermeiden, kann man dabei das Becherglas in ein zweites, grösseres Becherglas einstellen und in den Zwischenraum Baumwolle bringen. Man rührt um, bis die Temperatur nicht mehr steigt. Beträgt die Erhöhung mehr als 70º, so kann man das Vorhandensein trocknender Oele mit ziemlicher Sicherheit annehmen. Es zeigen beispielsweise*) Olivenöl 41 bis 43º, Rüböl 51—60º, Leinöl 104—111º Temperaturerhöhung.

Jodzahl. Den nichttrocknenden Oelen kommen niedrigere Jodzahlen als den trocknenden Oelen zu, daher bietet die Jodzahl ein bequemes und sicheres Unterscheidungsmerkmal, vorausgesetzt dass die Abwesenheit von Thranen, die nicht trocknend sind und doch eine hohe Jodzahl haben, erwiesen ist.

b) Feste Fette.

Zur Unterscheidung der festen Fette dienen hauptsächlich:

α) Das specifische Gewicht. Zu dessen Bestimmung lässt sich nach Gintl ein kleines, cylindrisches Pyknometer mit ebenem

---

*) Nach Allen.

Boden verwenden, dessen Mündung mit gut aufgeschliffener Glasplatte verschlossen werden kann. Letztere wird mittelst einer in
einem Rahmen angebrachten Schraube festgedrückt. Beim Einfüllen des geschmolzenen Fettes lässt man über den Rand eine
Kuppe hervorstehen, schiebt nach dem Erkalten die Glasplatte
darüber, drückt die Schraube an und entfernt die überschüssige
Substanz mit einem in Petroläther getauchten Lappen. Das Gewicht des leeren und des mit Wasser gefüllten Pyknometers werden in bekannter Weise bestimmt.

Nach Hager wird zur Bestimmung des specifischen Gewichtes
das geschmolzene Fett in eine mit 60—90proc. Weingeist gefüllte
Glasschale langsam und aus geringer Höhe eintropfen gelassen.
Die erstarrten Kügelchen werden in die zur Dichtenbestimmung
dienende Flüssigkeit, bei geringerer Dichte wie Wasser ein Gemisch von Wasser und Weingeist, bei grösserer Dichte ein solches
von Wasser und Glycerin, gebracht. Nun wird so lange Weingeist oder mit Wasser verdünnter Weingeist, respective Glycerin
oder mit Wasser verdünntes Glycerin zugemischt, bis die Kügelchen in der in Rotation versetzten Flüssigkeit gerade schwimmen.
Schliesslich wird die Flüssigkeit durch Glaswolle abgegossen und
deren specif. Gewicht, welches dem des Fettes genau gleich ist,
mit dem Aräometer oder Pyknometer bestimmt.

Zur Bestimmung des specif. Gewichtes geschmolzener Fette
kann auch die Westphal'sche Waage benützt werden. Das
zur Aufnahme des Fettes bestimmte Gefäss wird dabei in ein er-
wärmtes Paraffinbad gestellt.

β) Der Schmelz- und Erstarrungspunkt des Fettes
und der aus demselben abgeschiedenen Fettsäuren. Hierüber finden sich bei der Besprechung des Talges und Wachses nähere
Angaben.

γ) Das Verhalten im Refractometer. Letzteres wird in
erster Linie bei der Prüfung des Butter- und Schweinefettes benutzt. Ueber dessen Einrichtung und Benutzung sei hier nur auf
Benedikt-Ulzer, Analyse der Fette und Wachsarten, 3. Aufl.,
verwiesen.

δ) Die Verseifungs- und Jodzahl. Die Verseifungs- und
Jodzahlen der wichtigsten festen Fette finden sich in der Tabelle
S. 126.

η) Der Gehalt an flüchtigen Fettsäuren. Er wird durch

die Reichert-Meissl'sche Zahl ermittelt, welche die Anzahl Cubikcentimeter $^1/_{10}$ Normallauge angibt, die zur Absättigung der in 5 g Fett enthaltenen, flüchtigen Fettsäuren erforderlich sind.

Zur Ausführung werden ca. 5 g des Fettes in einem Kolben von 200—300 ccm Inhalt mit ca. 2 g festem Aetzkali und 50 ccm 70 proc. Alkohol am Wasserbade unter öfterem Umschütteln verseift*). Nach vollendeter Verseifung verdampft man den Alkohol, bis ein dicker Seifenleim zurückbleibt, löst letzteren in 100 ccm Wasser bei gelinder Wärme auf, setzt 40 ccm Schwefelsäure (1 : 10) zu, gibt einige Bimssteinstückchen in den Kolben, verbindet durch ein Kugelrohr mit einem Liebig'schen Kühler, erhitzt zunächst mit kleiner Flamme, bis die Fettsäuren zu einer durchsichtigen, klaren Masse geschmolzen sind, und destillirt hierauf in einer halben Stunde genau 110 ccm in einen Messkolben ab. Nach dem Umschütteln filtrirt man 100 ccm in einen Messkolben, leert in ein Becherglas und titrirt unter Zusatz von Phenolphtaleïn mit $^1/_{10}$ Normallauge. Die verbrauchte Menge wird um $^1/_{10}$ vermehrt und auf 5 g Fett umgerechnet.

Die Reichert-Meissl'sche Zahl wird hauptsächlich zum Nachweis von Butter und Cocosfett angewendet. Sie liegt bei reiner Butter in der Regel zwischen 26 und 29, bei Cocosfett um 7,0.

3. Untersuchung einiger häufiger vorkommenden Fette.

a) Olivenöl.

Man bestimmt Jodzahl und Verseifungszahl. Entsprechen diese den in der Tabelle enthaltenen, mittleren Werthen, so kann das Oel für rein erklärt werden.

Liegt die Jodzahl über 85 und stimmt die Verseifungszahl, so kann eine Verfälschung mit Sesamöl, Erdnussöl oder Baumwollsamenöl vorliegen. Auf die Gegenwart dieser Oele kann nach den für dieselben beschriebenen Methoden speciell geprüft werden. Ist die Verseifungszahl niedriger, die Jodzahl höher, so liegt voraussichtlich eine Verfälschung mit Rüböl vor. Auch muss in diesem Falle eine Prüfung auf Mineralöl vorgenommen werden.

---

*) An Stelle der Verseifung mit Aetzkali wurde von Kreiss u. A. die Verseifung mit conc. Schwefelsäure vorgeschlagen.

Für die Verwendung als Maschinenschmieröl soll die Säurezahl nicht höher als 16 sein.

b) Rüböl.

Die normalen Werthe der Jodzahl und Verseifungszahl genügen in der Regel zur Identificirung. Trocknende Oele und Thrane erhöhen Verseifungszahl und Jodzahl. Harz- und Mineralöle erniedrigen dieselben. Die Säurezahl soll bei der Verwendung als Schmieröl nicht höher als 6 sein.

c) Ricinusöl.

Zur Erkennung der Reinheit dienen die Verseifungszahl, Jodzahl, Acetylzahl und Dichte. Die Acetylzahl soll 152, die Dichte 0,960 bis 0,966 betragen. Ricinusöl muss ferner in 2 Volumtheilen 95 proc. Alkohol vollkommen löslich, in Petroläther unlöslich sein.

d) Sesamöl.

Dasselbe wird manchmal mit Baumwollsamenöl verfälscht. Zum Nachweis desselben liefern Verseifungszahl, Jodzahl und Dichte keinen genügenden Anhaltspunkt und eignet sich hiezu zweckmässiger die Probe von Livache. Sie beruht darauf, dass die durch Sauerstoffabsorption bedingte Gewichtszunahme der aus dem Oele abgeschiedenen Fettsäuren bei Gegenwart von Baumwollsamenöl wesentlich geringer ist als die des ursprünglichen Oeles[*]).

Zur Ausführung der Probe von Livache wird die Lösung eines Bleisalzes mit Zink gefällt, der erhaltene Niederschlag rasch mit Wasser, Alkohol und Aether gewaschen und unter der Luftpumpe über Schwefelsäure getrocknet. Man breitet nun genau je 1 g des Bleipulvers auf 2 grösseren Uhrgläsern aus, bestimmt das Gewicht der Uhrgläser sammt Bleipulver und bringt aus einer fein ausgezogenen Pipette auf eines der Uhrgläser 20 Tropfen des Oeles, auf das andere die gleiche Menge der Fettsäuren derart, dass die Tropfen nicht in einander fliessen. Beide Uhrgläser werden dann wieder gewogen, um das Gewicht des Oeles, resp. der Fettsäuren festzustellen, und an einem vor Staub geschützten Ort bei Zimmer-

---

[*]) Bei reinem Sesamöl und den meisten anderen Oelen ist die Gewichtszunahme des Oeles und der Fettsäuren in derselben Zeit procentuell nahezu die gleiche.

temperatur im Lichte 7 Tage stehen gelassen. Nach Ablauf dieser Zeit wird die Gewichtszunahme beider Proben bestimmt und auf Procente der verwendeten Substanz gerechnet. Ein Zusatz von Baumwollsamenöl wird nach obigem erkannt.

Nachweis von Sesamöl in anderen Oelen. Nach Baudouin bringt man 0,1 g Rohrzucker und 10 ccm Salzsäure (sp. G. 1,19) in eine Eprouvette, setzt 20 ccm des zu prüfenden Oeles zu, schüttelt eine Minute gut durch und lässt absitzen. Die in der Regel sofort sich trennenden Flüssigkeitsschichten zeigen bei Gegenwart der geringsten Menge von Sesamöl eine intensiv rothe Färbung, während bei Abwesenheit desselben die wässerige Schichte durch mindestens 2 Minuten farblos bleibt, die Oelschichte grünlich oder gelblich gefärbt erscheint.

Villavecchia und Fabris schreiben diese Farbenreaction dem, durch Einwirkung von Rohrzucker und Salzsäure aus der erst entstehenden Lävulose gebildeten Furfurol zu und beweisen dies damit, dass eine 2proc. alkoholische Lösung von Furfurol dieselbe Reaction gibt. Sie schlagen daher dieses Reagens an Stelle von Rohrzucker vor.

e) Arachisöl (Erdnussöl).

Dasselbe wird durch die in der Tabelle angegebene Jodzahl und Verseifungszahl, ferner durch die 45,5 — 51,4° betragende Temperaturerhöhung bei der Maumené'schen Probe charakterisirt.

Beimengungen von Arachisöl zu anderen Oelen können nach De Negri und Fabris daran erkannt werden, dass die bei der Bestimmung der Verseifungszahl erhaltenen Seifenlösungen verhältnissmässig leicht erstarren. Ein mit 10 Proc. Arachisöl versetztes Olivenöl gibt nach Bestimmung der Verseifungszahl eine trübe Flüssigkeit, aus der sich nach kurzer Zeit ein weisser, krystallinischer Niederschlag von arachinsaurem Kali ausscheidet.

Der Gehalt des Arachisöles an der erst bei 75° schmelzenden Arachinsäure kann gleichfalls zur Erkennung desselben in anderen Oelen dienen. Das zu diesem Zwecke von Renard angegebene und von De Negri und Fabris abgeänderte Verfahren wird in folgender Weise durchgeführt:

Man verseift 10 g der Probe, scheidet die Fettsäuren mit Salzsäure aus, löst sie in 50 ccm 90proc. Alkohol und fällt in der

Kälte mit Bleiacetatlösung. Nach 12 stündigem Stehen wird decantirt, der Rückstand zur Entfernung des Bleioleats mit Aether digerirt und der aus palmitinsaurem und arachinsaurem Bleioxyd bestehende Rückstand durch Decantiren von der Flüssigkeit getrennt. Schliesslich wird filtrirt und der Niederschlag auf dem Filter so lange mit Aether gewaschen, bis das Filtrat nach dem Verdunsten des Aethers keinen Rückstand mehr zeigt. Die Bleisalze werden im Scheidetrichter mit Salzsäure (1:5) zerlegt, mit Aether durchgeschüttelt und nach der Trennung der beiden Schichten die wässerige Flüssigkeit abgelassen. Dann wird die ätherische Schichte abgehoben, der Aether abdestillirt und der aus den Fettsäuren bestehende Rückstand in 50 ccm 90proc. Alkohol in der Wärme gelöst. Nach dem Erkalten scheiden sich reichlich Krystalle von Arachinsäure aus, die abfiltrirt, und erst mit 90proc., dann mit 70proc. Alkohol gewaschen werden. Dieselben werden abgewogen und auf ihren Schmelzpunkt geprüft, der meist bei 70—71° gefunden wird, da die Säure noch nicht ganz rein ist.

f) Talg.

Neben der Bestimmung der Constanten ist für den Talg die Bestimmung des Erstarrungspunktes der Fettsäuren, des sogenannten „Talgtiters", von besonderer Wichtigkeit. Zur Erzielung übereinstimmender Resultate wurde hiezu von Wolfbauer folgende Methode ausgearbeitet.

In 120 g der in einem Becherglase geschmolzenen, nur wenig über den Schmelzpunkt des Talges erhitzten Probe werden 25 ccm Kalilauge von der Dichte 1,509 (125 g Aetzkali in 100 ccm Wasser) eingerührt und nach tüchtigem Mischen und Bedecken des Gefässes mit einem Uhrglas in einen auf 100° erhitzten Raum gestellt. In letzterem bleibt die Probe unter zeitweiligem Umrühren so lange, bis die Verseifung vollständig ist und eine Probe beim Erwärmen mit 50proc. Alkohol sich vollkommen löst. Dies ist nach ca. 2 Stunden erreicht. In die Seife werden hierauf 150 ccm kochendes Wasser eingerührt, dann in eine Schale überleert, mit 165 ccm verdünnter Schwefelsäure von der Dichte 1,143 (22 ccm conc. Schwefelsäure und 150 ccm Wasser) versetzt und gekocht, bis die Fettsäuren eine vollkommen klare Oelschichte bilden. Man zieht nunmehr die untere, saure Flüssigkeit mittelst eines Hebers vollständig ab, kocht die Fettsäuren mit schwefelsäurehaltigem Wasser (5 ccm conc. Schwefelsäure auf 100 ccm Wasser) aus, zieht abermals ab und kocht noch zweimal mit je 100 ccm Wasser aus. Schliesslich werden die Fettsäuren 2 Stunden bei 100⁰ getrocknet.

Die erstarrten Fettsäuren werden am Wasserbad geschmolzen und in eine dünnwandige Proberöhre von 15 cm Länge und 3,5 cm lichter Weite bis ca. $1^1/_2$ cm unter den oberen Rand gefüllt. Die Proberöhre wird dann mit Hilfe eines Korkes in ein Präparatenglas eingesetzt. Hierauf bringt man ein in $^1/_5^0$ getheiltes, bis 60⁰ reichendes Thermometer, welches zweckmässig zwischen + 2 und 28⁰ einen Kropf besitzt, mittelst Korkes derart in die Fettsäuren, dass dasselbe 4—5 cm vom Boden der Proberöhre absteht und bis zum Theilstrich 35 in der Fettsäuremasse steckt. Man rührt mit diesem Thermometer so lange um, bis die erst klare Masse undurchsichtig geworden ist und der Stand des Quecksilbers auch nach mehrmaligem Umrühren sich nicht mehr ändert. Sodann stellt man das Thermometer fest. Das Quecksilber beginnt in Folge der freiwerdenden Schmelzwärme zu steigen, der höchste Stand, der meist längere Zeit stationär bleibt, wird abgelesen und gibt den Erstarrungspunkt. Die Differenz zweier Bestimmungen soll höchstens 0,1⁰ betragen.

Häufig wird im Talg auch eine Bestimmung der Jodzahl der ausgeschiedenen Fettsäuren vorgenommen. Die Jodzahl der Fettsäuren mit 1,1102 multiplicirt ergibt den Oelsäuregehalt der Fettsäuren.

Bei Verwendung als Schmiermaterial soll der Talg nicht mehr als 0,5 Proc. in Chloroform unlösliche Antheile enthalten.

B. Wachse.

Wie bereits eingangs dieses Kapitels erwähnt, sind Wachse animalischen und vegetabilischen Ursprungs, unter Ausscheidung unlöslicher Fettalkohole, theilweise verseifbar, die Mineralwachse unverseifbar. Es gibt mithin die Verseifungszahl ein sicheres Unterscheidungsmerkmal.

1. Pflanzen- und Thierwachse.

Für die Untersuchung der Pflanzen- und Thierwachse kommen hauptsächlich folgende Bestimmungen in Anwendung: Säurezahl, Verseifungszahl, Aetherzahl (die Differenz zwischen Verseifungszahl und Säurezahl), specifisches Gewicht, Schmelzpunkt und Erstarrungspunkt. Diese Bestimmungen werden im allgemeinen nach den früher angegebenen Methoden durchgeführt.

Das specifische Gewicht kann, ausser nach den bereits beschriebenen Verfahren, auch mittelst des Sprengel'schen Rohres bestimmt werden. Dasselbe ist eine U-Röhre (Fig. 10) von etwa 18 ccm Inhalt und 11 mm äusserem Durchmesser, welche an beiden Seiten in enge, umgebogene Röhrchen a und b übergeht, von denen die eine länger und mit einer Marke m versehen ist. Das geschmolzene Wachs oder Fett wird durch Ansaugen in das Rohr gebracht, wobei das längere, umgebogene Röhrchen in das Fett getaucht wird. Man bringt nun in ein Wasserbad von constanter Temperatur, bis das Fett sich nicht weiter ausdehnt, und tupft mit Fliesspapier den Ueberschuss bei dem kürzeren Röhrchen so lange weg, bis im längeren der Stand des Wachses genau bis zur Marke eingestellt ist. Dann lässt man erkalten, reinigt das Rohr und wägt. Der Versuch wird mit Wasser, welches man auf dieselbe Temperatur oder auf 15° bringt, wiederholt.

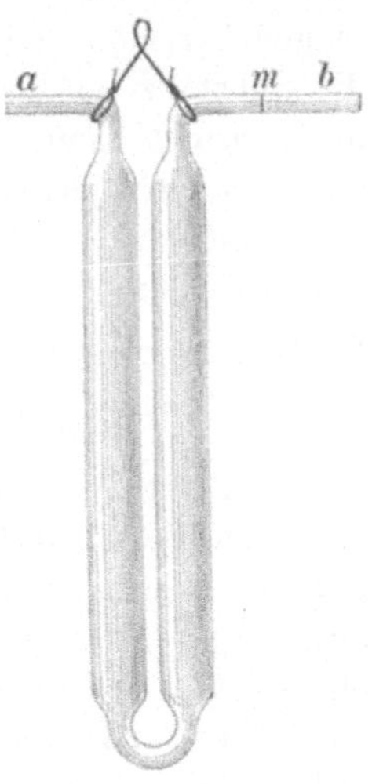

Fig. 10.
Sprengel'sches Rohr.

Die Schmelzpunktsbestimmung wird zumeist nach Pohl durchgeführt, indem man die Temperatur ermittelt, bei der das Wachs flüssig wird. Man taucht hiezu das kugelförmige Gefäss eines Thermometers einen Augenblick in das wenig über seinen Schmelzpunkt erhitzte Fett oder Wachs, so dass dieses nach dem Herausnehmen einen dünnen Ueberzug bildet, lässt das Thermometer längere Zeit liegen und befestigt es mittelst eines Korkes derart in einer langen und weiten Eprouvette, dass die Kugel noch etwa 1 cm vom Boden entfernt ist. Die Eprouvette hält man mittelst einer Klammer 2—3 cm über ein Schutzblech oder eine Asbestplatte, die man mit dem Brenner vorsichtig erwärmt, und beobachtet den Punkt, bei welchem das Wachs durchsichtig wird, wonach sich am unteren Ende der Kugel ein Tropfen geschmolzenen Wachses zeigt.

Häufig wird auch das geschmolzene Fett in ein dünnwandiges, nicht zu enges Capillarröhrchen gesaugt, so dass es eine 1—2 cm lange Schichte bildet, dann das Ende der Capillare zugeschmolzen und diese an einem Thermometer derart befestigt, dass die Substanz in gleicher Höhe mit dem Quecksilbergefäss sich befindet. Wenn die Substanz im Röhrchen erstarrt ist (besser erst nach 24 Stunden), bringt man das Thermometer in ein 3 cm weites Reagensglas, in dem sich die zur Erwärmung dienende Subtsanz (Glycerin) befindet. Der Moment, wo das Fettsäulchen vollkommen klar und durchsichtig geworden ist, ist als Schmelzpunkt festzuhalten.

Prüfung des Bienenwachses auf Verfälschungen.

a) Bestimmung der Gesammtsäurezahl. In Folge der schweren Verseifbarkeit mancher Wachssorten ergibt die übliche Art der Bestimmung der Verseifungszahl mit alkoholischer Kalilauge, insbesondere bei einem Gehalte an Paraffin oder Ceresin, oft zu niedrige Werthe. In Folge dessen bestimmen Benedikt und Mangold statt der Verseifungszahl die Gesammtsäurezahl, das ist jene Menge Aetzkali in Milligrammen, welche 1 g des, durch Verseifen des Wachses und Zerlegen der entstandenen Seife durch Kochen mit verdünnter Salzsäure, erhaltenen Gemenges von Fettsäuren und Alkohol zur Neutralisation bedarf. Dieses Gemenge wird als „aufgeschlossenes Wachs" bezeichnet.

Zur Herstellung des aufgeschlossenen Wachses löst man ca. 20 g Kalihydrat in einer halbkugeligen Porzellanschale von 350 bis 500 ccm Inhalt in 15 ccm Wasser, erhitzt auf einem Drahtnetz zum beginnenden Sieden und fügt ca. 20 g vorher am Wasserbade geschmolzenes Wachs unter Umrühren hinzu. Das Erhitzen wird mit kleiner Flamme unter beständigem, lebhaftem Umrühren noch 10 Minuten fortgesetzt. Man verdünnt mit 200 ccm Wasser, erwärmt und säuert mit 40 ccm vorher mit Wasser ein wenig verdünnter Salzsäure an. Hierauf kocht man, bis die aufschwimmende

Schichte vollständig klar ist, lässt erkalten und reinigt den Wachskuchen durch dreimaliges Auskochen mit Wasser, dem man das erste Mal etwas Salzsäure zusetzt. Zuletzt wird der Kuchen abgehoben, mit Filtrirpapier abgewischt, im Trockenkasten geschmolzen und filtrirt. Das filtrirte, noch flüssige Fett wird auf ein Uhrglas ausgegossen und nach dem Erkalten in Stücke gebrochen.

Zur Bestimmung der Gesammtsäurezahl werden 6—8 g des so erhaltenen, aufgeschlossenen Wachses mit säurefreiem Alkohol übergossen, auf dem Wasserbade erhitzt und nach Zusatz von Phenolphtaleïn mit Lauge titrirt.

Die Verseifung ist, auch bei grossem Ceresingehalt, stets vollständig. Die Gesammtsäurezahl liegt etwas niedriger als die Verseifungszahl nach v. Hübl (im Mittel 92,8).

b) Bestimmung von Ceresin und Paraffin. Ein Gehalt von Paraffin oder Ceresin im Wachs kann auf Grund der ermittelten Gesammtsäurezahl S annähernd nach der folgenden Formel berechnet werden: $P = 100 - \dfrac{100\,S}{92,8}$, wobei P den Gehalt an Paraffin oder Ceresin und 92,8 die mittlere Gesammtsäurezahl von reinem Bienenwachs bedeutet.

Zur genauen Bestimmung des Gehaltes an Paraffin oder Ceresin eignet sich die Probe von A. u. P. Buisine, welche darauf beruht, dass beim Erhitzen mit Natronkalk die Fettalkohole des Wachses unter Entwicklung von Wasserstoff in die Natronsalze der entsprechenden Säuren übergeführt werden, nach der Gleichung:

$$C_{15}H_{31} . CH_2OH + Na\,OH = C_{15}H_{31} . COO\,Na + 2\,H_2 .$$
Cetylalkohol   Palmitinsaures Natron.

Bei einer folgenden Extraction mit Aether oder Petroläther werden daher neben Paraffin und Ceresin nur die Kohlenwasserstoffe des Wachses gelöst*).

Zur Durchführung werden 2—10 g der Probe in einem kleinen Porzellantiegel geschmolzen und das gleiche Gewicht gepulverten Aetzkalis zugefügt. Man rührt um und erhält beim Erkalten eine harte Masse, die pulverisirt und mit drei Theilen Natronkalk (auf einen Theil Wachs) innig gemischt wird. Nun wird das

---

*) Der Kohlenwasserstoffgehalt des Bienenwachses schwankt zwischen 12 und 14,5 Proc.

Gemisch in einem kleinen Kolben oder einer Eprouvette durch 2 Stunden auf 250° erhitzt, und der gepulverte Rückstand (eventuell sammt dem zerstossenen Glasgefäss) in einem Glaskolben oder in einem Extractionsapparat mit Aether oder Petroläther extrahirt. Der erhaltene Auszug wird wenn nöthig filtrirt, dann das Extractionsmittel abdestillirt, die letzten schwerer flüchtigen Antheile mittelst Luftstromes abgeblasen, und dann der Rückstand gewogen.

Bedeutet p den gefundenen Proc. - Gehalt an Kohlenwasserstoffen, C den Ceresin- oder Paraffinzusatz und rechnet man den mittleren Kohlenwasserstoffgehalt natürlichen Wachses zu 13,5 Proc., so ist nach Mangold:

$$C = \frac{100\,p - 1350}{86,5}\;.$$

c) **Bestimmung von Stearinsäure.** Stearinsäure geht beim Kochen der Probe mit Alkohol gleichzeitig mit der Cerotinsäure in Lösung, scheidet sich aber beim Erkalten nicht so vollständig wie diese aus. Kocht man daher 1 g Wachs mit 10 ccm 80 proc. Alkohol in einem 18—20 mm weiten Reagirglas einige Minuten, lässt auf 18—20° abkühlen, filtrirt in ein gleichweites Glas, fügt Wasser hinzu und schüttelt, so trübt sich die Flüssigkeit bei reinem Wachs wenig, während bei stearinsäurehaltigem sich Flocken ausscheiden. Bei nur 1 Proc. Stearinsäure entsteht noch ein unverkennbarer Niederschlag.

Auf Grund der Säurezahl lässt sich die Quantität der Stearinsäure annähernd berechnen. Die Säurezahlen von reinem Bienenwachs und Stearinsäure sind 20 resp. 195, die der Probe s. Dann ist der Stearinsäuregehalt

$$K = \frac{100\,(s - 20)}{175}\;.$$

Die Abwesenheit anderer Säuren, wie auch jene von Harz, ist dabei vorausgesetzt.

d) **Bestimmung von Neutralfett.** Da reines Wachs kein Glycerin liefert, die Fette aber im Durchschnitt 10 Proc. enthalten, kann auf Grund der Ermittelung des Glyceringehaltes nach der Permanganatmethode (Siehe Glycerin S. 158) die Menge des Neutralfettes annähernd ermittelt werden, wenn man den gefundenen Glyceringehalt mit 10 multiplicirt.

e) **Bestimmung von Carnaubawachs.** Durch einen Gehalt an diesem Wachs wird die Säurezahl herabgedrückt, während die Aetherzahl unverändert bleibt. Specifisches Gewicht und Schmelzpunkt werden erhöht.

f) **Bestimmung des Harzgehaltes.** Zum qualitativen Nachweis von Harz eignet sich die Reaction von Morawski und Storch (Siehe Mineralöl S. 144). Zur quantitativen Bestimmung können die Methoden von Twitschell oder von Gladding (Siehe Seife, S. 153) angewendet werden, nur muss man die verseifte Probe vorher von Myricylalkohol und den anderen unverseifbaren Bestandtheilen befreien.

2. Mineralwachse.

Schmelzpunkt, Erstarrungspunkt und specifisches Gewicht sind die bei der Prüfung von Mineralwachs durchzuführenden Bestimmungen. Da die verschiedenen Methoden in den Resultaten meist nicht unwesentlich differiren, so sollen dieselben vorher zwischen Händler und Käufer vereinbart werden. Die Unlöslichkeit von Paraffin und Ceresin in kochendem Essigsäureanhydrid kann zur Unterscheidung derselben von Fettalkoholen dienen. Letztere bleiben in Essigsäureanhydrid in der Hitze vollends, theilweise auch nach dem Erkalten gelöst.

Im Ozokerit (Erdwachs) wird auch der Verlust beim Erhitzen auf 150° bestimmt, welcher 5 Proc. nicht übersteigen soll, und der Gehalt an erdigen Beimengungen, durch Lösen in Benzin und Bestimmen des verbleibenden Rückstandes ermittelt.

Nachstehende Tabelle enthält die wichtigsten Daten für die häufigsten Wachsarten.

Name des Wachses	Specifisches Gewicht (15)	Schmelzpunkt	Erstarrungspunkt	Säurezahl	Verseifungszahl	Jodzahl
Carnaubawachs . .	0,990—0,999	83°—85°	80°—81°	4—8	80—95	13,5
Bienenwachs . . .	0,958—0,975	62°—65°	60,5°—62°	18,6—21	91—97	8—11
Chinesisches Wachs	0,926—0,970	81°—83°	80,5°—81°	—	63—77,9	—
Walrat	0,942—0,960	44°—47°	43,4°—44,2°	0—5,17	125,8—134,6	—
Paraffin	sehr variirend			—	—	—
Ceresin	0,918—0,922	61°—78°	—	—	—	—

C. Mineralöle.

Mineralöle sind entweder Destillationsproducte von Braunkohlen, bituminösen Schiefern etc, oder sie entstammen dem Rohpetroleum, aus welchem sie ebenfalls durch Destillation abgeschieden werden. Ihre Verwendung ist vorzüglich die als Schmiermaterialien oder für Beleuchtungszwecke. Als Schmiermittel werden die als „schwere Oele" bezeichneten, höheren Destillationsproducte der Braunkohlen und des Rohpetroleums verwendet, während die niedriger siedenden Antheile des Braunkohlentheers unter dem Namen Solaröl, Leuchtöl etc., die des Rohpetroleums als Petroleum für Leuchtzwecke Verwendung finden. Die ebenfalls dem Braunkohlentheer entstammenden Gasöle dienen wesentlich zur Oelgasfabrication, während die leichtesten Destillationsproducte (leichtes Braunkohlentheeröl und Photogen einerseits, Gasolin, Naphtha, Petroleumbenzin andererseits) als Lösungsmittel für Fette u. dgl. benutzt werden.

1. Mineral-Schmieröle.

Dieselben werden in der Regel geprüft auf Viscosität, specifisches Gewicht, Entflammungspunkt, Entzündungspunkt, Säuregehalt, Harzgehalt, fette Oele, Harzöle, eventuell Theeröle.

a) Viscosität. Die Viscosität oder Zähflüssigkeit eines Oeles wird gemessen, indem man die Zeit, während welcher ein gewisses Quantum Oel aus einer engen Oeffnung ausfliesst, vergleicht mit der Zeit, die das gleiche Quantum Wasser zum Ausfliessen benöthigt. Letztere wird gleich 1 gesetzt.

Von den vorgeschlagenen Viscosimetern ist das von C. Engler das zweckmässigste (Fig. 11). Das Gefäss zur Aufnahme des zu prüfenden Oeles besteht aus einer flachen, mittelst Deckel A' zu verschliessenden Kapsel A aus Messingblech, deren Formen und Dimensionen aus der Figur ersichtlich sind. An den konisch verlaufenden Boden schliesst sich das 20 mm lange, in einer Weite von möglichst genau 3 mm durchbohrte Ausflussröhrchen a, welches gewöhnlich aus Messing angefertigt ist. Dasselbe kann mittelst des Ventilstiftes b verschlossen und geöffnet werden.

Vier Niveaumarken c dienen zum Abmessen der Oelprobe und zur Beurtheilung der richtigen, horizontalen Lage der Kapsel. Bis zu den Niveaumarken muss der Apparat 240 ccm fassen. Die Kapsel A ist von einem oben offenen Mantel BB aus Messingblech umgeben, welcher zur Aufnahme einer geeigneten Flüssigkeit dient, um den Inhalt von A auf die gewünschte Temperatur zu bringen.

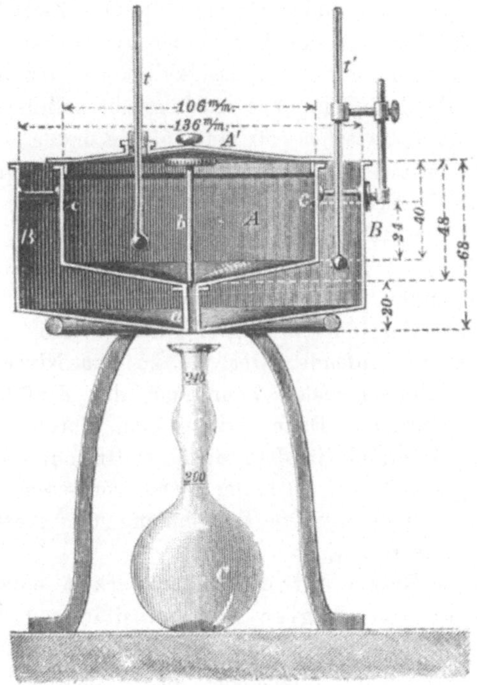

Fig. 11.
Viscosimeter von Engler.

Die Thermometer t und t' dienen zur Ablesung der Temperatur des Versuchsöles und der im Mantel befindlichen Flüssigkeit. Ein Dreifuss dient als Träger des Apparates. Der unter dem Auslaufröhrchen aufgestellte Messkolben C hat an seinem Halse die Marken 200 und 240 und besitzt eine Ausbauchung am Halse, um den Auslaufstrahl nicht zu lang werden zu lassen

Aichung des Apparates. In die mit etwas Aether, Weingeist und Wasser gereinigte und mit dem Ventilstift versehene

Kapsel giesst man mit Hilfe des Messkolbens genau 240 ccm Wasser und bringt die Temperatur auf 20°. Zu diesem Zwecke erhält man das in dem Behälter BB befindliche Wasser so lange auf der gleichen Temperatur, bis das innere Thermometer genau 20° zeigt. Den Messkolben lässt man unterdessen austropfen, stellt ihn dann unter die Ausflussöffnung, zieht den Ventilstift aus und beobachtet auf einer Secundenuhr oder Chronoskop die Zeit in Secunden, welche verläuft, bis sich der Messkolben zur Marke 200 angefüllt hat. Vor dem Ablaufen der Flüssigkeit muss sich dieselbe vollkommen in Ruhe befinden. Die Auslaufszeit soll bei richtig construirtem Apparat zwischen 50 und 55 Secunden betragen; sie wird als das Mittel dreier Bestimmungen angenommen, welche nicht mehr als $\frac{1}{2}$ Secunde von einander abweichen sollen, und dann gleich 1 gesetzt.

Prüfung der Oele. Zunächst wird durch Austrocknen und aufeinanderfolgendes Ausspülen mit Alkohol und Aether alle Feuchtigkeit aus der inneren Kapsel entfernt und dann der Apparat mit dem zu prüfenden Oel bis zu den Niveaumarken gefüllt. Nur bei dünnen Oelen kann man das Einfüllen mit dem Messkolben bewirken. Dann bringt man durch Erhitzen des Wassers oder Mineralöls in dem Behälter BB auf die gewünschte Temperatur, die vor dem Auslaufenlassen wenigstens drei Minuten lang constant sein soll. Die Bestimmung der Auslaufszeit geschieht genau wie früher.

Als untere Grenze für die Brauchbarkeit eines Oeles als Schmieröl wird von Engler ein Viscositätsgrad 2,6 bei 20° (Wasser = 1) angegeben. Für die Viscositätsbestimmung von Schmierölen herrscht im allgemeinen das Princip, dass sie nahe bei jener Temperatur erfolgen soll, auf welche sich die Oele bei ihrer Verwendung erwärmen (Maschinen-Schmieröle bei 50°, Cylinderöle bei 150°).

Um bei Temperaturen über 50° das Oel längere Zeit auf gleicher Temperatur erhalten zu können, ist bei der neuesten Form der Apparate der Dreifuss mit einem Kranzbrenner versehen, dessen Gasflamme die Mantelflüssigkeit erwärmt. Ausserdem ragt der Verschlussstift durch den Deckel hervor, damit er, ohne den Deckel abzuheben, herausgezogen werden kann. Mantelflüssigkeit und Oel sollen hier, wie bei dem älteren Apparat, bereits zur gewünschten Temperatur erwärmt eingegossen werden.

Die Prüfung im Viscosimeter wird auch für als Schmieröle verwendete, fette Oele vorgenommen. Bei manchen derselben, wie bei Rüböl ist die Viscosität so gross und so constant, dass sie zur Prüfung auf dessen Reinheit dienen kann.

b) **Specifisches Gewicht.** Die Bestimmung erfolgt mittelst Pyknometer oder Aräometer.

c) **Entflammungs- und Entzündungspunkt.** Ein Tiegel von 6 cm oberem Durchmesser und 6 cm Höhe wird mit dem Oele bis 1 cm vom Rande gefüllt. Dann taucht man das Quecksilbergefäss eines Thermometers soweit ein, dass dessen unteres Ende 1 cm vom Boden des Tiegels absteht, was am besten erreicht wird, indem man das Thermometer erst auf den Boden aufstellt und dann wieder 1 cm emporhebt. Nun erwärmt man auf einem Sandbade und führt, wenn die Temperatur 120^0 überschritten hat, von je 5 zu 5^0 Temperatursteigerung ein Zündflämmchen (etwa eine erbsengrosse Löthrohrflamme) in gleicher Höhe mit dem Tiegelrand an der Oberfläche des Oeles vorbei. Sobald die erste schwache Explosion der mit Luft gefüllten Dämpfe erfolgt, ist der **Flammpunkt** erreicht. Man mässigt nun die Flamme, prüft, wenn das Thermometer um $10 — 15^0$ gestiegen ist, von 2 zu 2^0 mit dem Löthrohrflämmchen, bis ein ruhiges Brennen des Oeles stattfindet, und erhält so den **Entzündungspunkt.** Luftströmungen sind durch Aufstellen eines Pappschirmes an der Zugseite möglichst zu vermeiden.

Der Flammpunkt soll bei Spindelölen nicht unter 150^0, bei Maschinenölen (Transmissionsölen) nicht unter 170^0 liegen.

d) **Säuregehalt.** Mineralöle sollen ganz frei von Mineralsäuren sein. Von der Raffination zurückgebliebene Säure wird daran erkannt, dass beim Schütteln von ca. 100 ccm des Oeles mit dem annähernd gleichen Volumen lauen Wassers, dem einige Tropfen Methylorangelösung zugesetzt wurden, die wässerige Schichte nach dem Absitzen roth gefärbt erscheint.

e) **Harzgehalt.** Unvollständig raffinirte Mineralöle verharzen leichter. Eine Prüfung auf den Gehalt an verharzenden Bestandtheilen kann man vornehmen, indem man in einen graduirten, bis 50 ccm getheilten Cylinder 10 ccm englische Schwefelsäure, 20 ccm Petroleumbenzin und 20 ccm der Probe bringt, tüchtig durchschüttelt und absitzen lässt. Dann liest man die Volumszunahme der Schwefelsäure ab. Dieselbe beträgt bei guten Oelen meist

1,2—2,4 ccm, d. i. 6—12 Proc. vom Volumen des Oeles. Sie darf keinesfalls 2,4 ccm (12 Proc.) übersteigen.

f) Fette Oele. Ein Gehalt an fetten Oelen wird leicht daran erkannt, dass das Oel eine merkliche Verseifungszahl besitzt. Eine quantitative Bestimmung des Gehaltes an fettem Oel wird nach den später folgenden Methoden (S. 147) durchgeführt.

g) Harzöl. Zur qualitativen Prüfung ist die Methode von Storch-Morawski zu empfehlen. 1—2 ccm des Oeles werden mit 1 ccm Essigsäureanhydrid geschüttelt, absitzen gelassen, das Essigsäureanhydrid abpipettirt und mit einem Tropfen Schwefelsäure von der Dichte 1,53 versetzt. Bei Gegenwart von Harzöl tritt eine violettrothe Färbung ein.

Bei Oelen, die in ihrer Verwendung der Winterkälte ausgesetzt werden, bestimmt man auch den Gefrierpunkt. Ueberdies wird zuweilen auch die Schmierfähigkeit mittelst geeigneter, complicirter Apparate ermittelt.

2. Petroleum (Brennöl).

Zur Beurtheilung des Petroleums als Beleuchtungsmaterial dienen die Bestimmungen des specifischen Gewichtes, des Entflammungspunktes, der Viscosität, sowie ein Destillationsversuch.

a) Specifisches Gewicht. Man bedient sich hiezu der Aräometer, seltener des Pyknometers. Bessere amerikanische Oele haben im Mittel das specifische Gewicht 0,800, galizisches Oel durchschnittlich 0,805 — 0,820 und russische Kerosine besserer Qualität 0,815—0,820. Im allgemeinen deutet ein zu geringes specifisches Gewicht auf Beimischung leicht siedender Oele, daher auf Feuergefährlichkeit, ein zu hohes specifisches Gewicht auf nicht genügende Abscheidung der hochsiedenden Oele. Doch ist es entschieden unzulässig, das specifische Gewicht allein als Maassstab zur Beurtheilung eines Brennöls anzuwenden.

b) Entflammungspunkt. Zur amtlichen Controle des Petroleums ist in Deutschland seit 1882 der Apparat von Abel eingeführt. Er besteht wesentlich aus einem mittelst Wasserbades zu erwärmenden, durch Deckel verschliessbaren Petroleumbehälter, in welchen das zu prüfende Petroleum bis zu einer bestimmten Marke eingefüllt ist. Durch den Deckel taucht ein

Thermometer in das Petroleum. Ausserdem besitzt derselbe Oeffnungen, welche durch einen Schieber geöffnet und geschlossen werden können. Die Bewegung des Schiebers erfolgt selbstthätig durch ein kleines Treibwerk, durch welches gleichzeitig jedesmal das Flämmchen einer kleinen, in Zapfen hängenden Lampe so nach abwärts bewegt wird, dass das kleine Zündflämmchen gerade in die mittlere Oeffnung eingeführt wird, während der Schieber zurückgezogen ist. Das Zündflämmchen kommt also mit dem Petroleumdampf in Berührung, zieht sich aber nach jedesmaliger Berührung zurück, während sich zu gleicher Zeit die Oeffnungen durch den Schieber schliessen. Das Wasser im Wasserbade wird auf 54,5—55⁰ gebracht, und die vorerwähnte Manipulation begonnen, sobald sich die Temperatur des Petroleums dem zu erwartenden Entflammungspunkte genähert hat. Sie wird dann von je $^1\!/_2$ zu $^1\!/_2{}^0$ wiederholt, bis eine durch plötzlichen blauen Lichtschein kenntliche Entflammung eintritt.

Dem Apparate liegt eine genaue Beschreibung und Instruction bei, weshalb hier nicht näher auf denselben eingegangen zu werden braucht. Als erlaubtes Entflammungsminimum gilt in Deutschland 21⁰ C.

c) Viscosität. Nach Engler steht die Viscosität der Leuchtöle in directer Beziehung zur Schnelligkeit des Aufstieges im Docht. Zur Beurtheilung der Steigkraft eines Oeles bestimmt man daher am bequemsten die Viscosität und verwendet das Engler'sche Viscosimeter mit einer auf 1,8 (statt 3) mm verengten Auslaufspitze.

d) Destillationsprobe (Destillationscurve). Dieselbe wird in einem Fractionskolben durchgeführt, welcher folgende Dimensionen besitzt: Durchmesser des unteren Theiles 6,5 cm, Durchmesser des Halses 1,6 cm, Länge des Halses 15 cm. Das Ansatzrohr soll 10 cm lang, 0,6 cm weit und im Winkel von 75⁰ angebracht sein. Die Entfernung der Ansatzstelle vom Flüssigkeits-Spiegel des mit 100 ccm Oel gefüllten Kolbens betrage 9 cm. Das Ansatzrohr mündet in eine Kühlröhre von 1 cm lichter Weite und 45 cm Länge.

Man bringt 100 ccm Petroleum mit einer Pipette in den Kolben und erhitzt am Bunsenbrenner zum Kochen. Anfangs legt man ein Drahtnetz unter, entfernt dieses aber, wenn die Temperatur über 150⁰ gestiegen ist. Man destillirt derart, dass pro Minute 2 bis

$2^1/_2$ ccm übergehen und wägt oder misst die Fractionen von 25 zu 25° oder von 50 zu 50°. Sobald ein Temperaturintervall, z. B. 150° erreicht ist, nimmt man die Lampe weg, lässt die Temperatur um mindestens 20° sinken, erhitzt wieder langsam zum Kochen, bis die Temperatur neuerdings erreicht ist, und wiederholt dies so oft, bis beim Wiedererhitzen nichts Merkliches mehr übergeht. Man erhält so bis auf 1 Proc. übereinstimmende Zahlen. Die Hauptfraction von 150—300° bezeichnet man als Normal-brennöl. Der Gehalt an demselben steigt bei besonders gereinigten Petroleumsorten über 80 und selbst 90 Volum-Proc. Ein gutes Leuchtöl soll (nach Beilstein) nicht mehr als ca. 5 Proc. unter 150° siedender und nicht mehr als ca. 15 Proc. über 270° siedender Antheile enthalten.

Die Prüfung auf Säuregehalt kann nach dem für Schmieröle beschriebenen Verfahren vorgenommen werden. Das Verhalten gegenüber conc. Schwefelsäure wird zuweilen auch als Prüfung auf die Reinheit eines Petroleums verwendet. Beim Vermischen mit dem gleichen Volumen conc. Schwefelsäure soll nach der Trennung der beiden Schichten das Petroleum eher lichter, die Schwefelsäure höchstens gelb, keinesfalls braun geworden sein. Die Temperaturerhöhung beim Vermischen soll höchstens 5° betragen. Bei Verfälschungen mit Destillaten aus Braunkohlen, Harz u. dgl. tritt eine Temperaturerhöhung um 20—50° ein.

3. Gasöl.

Einen annähernden Anhaltspunkt für die aus einem Gasöl zu erhaltenden Gasmengen kann man durch einen Vergasungsversuch im Kleinen gewinnen, indem man ein bestimmtes Quantum des Oeles durch Eintropfen in eine glühende Retorte vergast und das gebildete Gasvolumen abmisst.

Die italienischen Zollbehörden schreiben zur Prüfung von Gasölen die Methode von Nasini und Villavecchia vor. Nach derselben werden 100 g des Oeles im luftverdünnten Raum, bei einem Druck von 40 mm bis 210° destillirt, und das erhaltene Destillat bei normalem Druck bis 310° fractionirt. Die Fraction darf nicht mehr als 20 Proc. des ganzen verwendeten Gasöls betragen.

D. Producte der Fettindustrie.

1. Wollspickmittel.

Als solche werden fette Oele, Oelsäure, namentlich aber Emulsionen von Oel und Oelsäure mit geringen Mengen Ammoniak oder Soda und Wasser verwendet. Die fetten Oele werden zum Theil auch durch Mineralöle ersetzt, was dadurch begünstigt wird, dass sich noch 80 Theile Mineralöl mit nur 10 Theilen Oelsäure und 10 Theilen $\frac{1}{2}$ proc. Sodalösung sehr gut emulgiren. Ein Mineralölgehalt ist häufig die Ursache von Flecken im Tuche. Auch die aus den Walkwässern gewonnenen Walköle werden unter den Namen Walk-Elaïn, Extractöl angewendet.

Die Untersuchung der Wollspickmittel erstreckt sich auf den Nachweis und die Bestimmung von unverseifbaren Bestandtheilen, Neutralfett, freien Fettsäuren, fettsauren Alkalien, eventuell auch Wasser und Alkohol.

a) Unverseifbare Bestandtheile. Zum qualitativen Nachweis wird ein erbsengrosses Stück Aetzkali in 5 ccm 95 proc. Alkohol gelöst, 3 Tropfen der zu prüfenden Substanz zugegeben und eine Minute gekocht. Entsteht beim Zufügen von 3 ccm Wasser eine Trübung, so deutet diese auf die Gegenwart unverseifbarer Bestandtheile hin.

Für die quantitative Bestimmung werden ca. 10 g des Productes in 50 ccm 95 proc. Alkohol gelöst und ca. 3 g in sehr wenig Wasser gelöstes Aetzkali zugesetzt. Durch einstündiges Erhitzen am Wasserbade, unter Anwendung eines Rückflussrohres, werden Fettsäuren und Neutralfett verseift, dann wird mit ca. 30 ccm Wasser verdünnt und im Scheidetrichter mit Petroläther ausgeschüttelt. Zusatz von etwas Alkohol befördert die Trennung der beiden Schichten. Die erhaltene Seifenlösung wird abgelassen und noch mehrmals mit Petroläther ausgeschüttelt. Die gesammelten Petroläther-Auszüge werden zur Entfernung von in Lösung gegangener Seife 1—2 mal mit wenig Wasser durchgeschüttelt, das Wasser abgelassen und der Petroläther durch ein getrocknetes Filter in einen gewogenen Kolben filtrirt. Dann destillirt man am Wasserbade so weit als möglich ab und entfernt die letzten Reste des Petroläthers durch Einstellen des Kolbens in ein heisses Wasserbad und gleichzeitiges Daraufblasen eines Luftstromes, mit

10*

Zuhilfenahme des Gebläses. Nach etwa 15 Minuten wird der Kolben aus dem Wasserbade entfernt, erkalten gelassen und gewogen. Dann wird neuerdings durch 10 Minuten Luft durchgeblasen und dies so oft wiederholt, bis das Gewicht des Kolbens nahezu constant bleibt. Die Gewichtszunahme des Kolbens gibt den Gehalt an unverseifbaren, mineralölartigen Bestandtheilen.

b) Gesammtfettsäuren. Die in a) erhaltene Seifenlösung wird mit verdünnter Salzsäure zerlegt, im Scheidetrichter mit Aether ausgeschüttelt, die Aetherlösung getrennt, der Aether abdestillirt und die Fettsäuren im Rückstande wie unter a) bestimmt.

c) freie Fettsäuren. Ca. 10 g der Probe werden in 50 ccm Alkohol gelöst (eventuell unter schwachem Erwärmen) und mit Normallauge, unter Anwendung von Phenolphtaleïn als Indicator, titrirt. Die verbrauchte Menge Lauge wird vorerst notirt.

d) Alkalien. Die in Form von fettsauren Salzen vorhandenen Alkalien werden bestimmt, indem man 5—10 g der Probe mit Wasser erwärmt, eine überschüssige Menge titrirter, etwa $\frac{1}{2}$ normaler Schwefelsäure zusetzt, von dem ausgeschiedenen Fett (Fettsäuren, Neutralfett und unverseifbare Bestandtheile) durch Filtration oder Ausschütteln mit Petroläther. trennt und in der wässerigen Lösung den Ueberschuss der Säure zurücktitrirt.

Ueber die Natur der Alkalien kann man in einer weiteren Probe durch qualitative Reactionen Aufschluss erhalten. Auf einen nicht selten vorhandenen Gehalt an Ammoniumseifen sei hingewiesen.

e) Mittleres Moleculargewicht der Fettsäuren. Die Bestimmung ist zur Feststellung des genauen Gehaltes an freien Fettsäuren, Seifen und Neutralfett erforderlich. Man löst zu diesem Zweck die nach b) erhaltenen Gesammtfettsäuren in Alkohol auf und titrirt mit Normallauge unter Anwendung von Phenolphaleïn als Indicator.

Das mittlere Moleculargewicht M der Fettsäuren ist, wenn g das Gewicht der Fettsäuren und n die Anzahl der verbrauchten ccm Normallauge bedeutet, nach der Formel zu berechnen:

$$M = \frac{1000 \, g}{n}$$

f) Wasser und Alkohol sind zuweilen in Spickölen enthalten. Sie werden gemeinsam bestimmt, indem man ca. 30 g ausgeglühten Quarzsand in eine Platinschale bringt und das Gewicht von Schale + Sand + kleinem Glasstäbchen ermittelt. Dann wägt man ca. 5 g der Probe in die Schale, vertheilt durch Umrühren, trocknet bei 100° und bestimmt den Gewichtsverlust.

Berechnung des Gehaltes an freien Fettsäuren, Seifen und Neutralfett.

α) Die nach c) verbrauchte Menge Normallauge multiplicirt man mit dem durch 1000 dividirten, mittleren Moleculargewicht und erhält so die Menge der freien Fettsäuren.

β) Aus der nach d) gefundenen Menge von Alkalien berechnet man mittelst des mittleren Moleculargewichtes die in Form von Seifen vorhandenen Mengen Fettsäuren.

γ) Werden die nach α) gefundenen freien Fettsäuren, sowie die nach β) ermittelten, an Alkali gebundenen Fettsäuren von den Gesammtfettsäuren subtrahirt, so verbleibt die in Form von Neutralfett vorhandene Menge, welche durch Multiplication mit $\frac{100}{95}$ den Gehalt an Neutralfett mit hinreichender Genauigkeit ergibt.

2. Seifen.

Seifen sind wesentlich fettsaure Alkalien, und zwar fettsaures Natron oder Kali. Natronseifen sind hart und kommen als Kernseifen, geschliffene oder gefüllte Seifen in den Handel, Kaliseifen sind weich und heissen Schmierseifen. Doch kommen in neuerer Zeit auch feste kalihaltige Seifen in den Handel (Schicht's Patentseifen).

Für viele Verwendungen in der Industrie werden den Seifen Zusätze gegeben, wie Harz (Harzseifen), Borax, Wasserglas, Thonerdenatron, Soda (zur Erhöhung der Alkalität). Ausserdem kommen auch Verfälschungen mit Kreide, Schwerspath, Thon, Stärke etc. vor.

Analyse reiner Seifen.

Dieselben können neben fettsaurem Alkali auch freies Alkali, kohlensaures Alkali, freie Fettsäuren und Neutralfett*) enthalten. Ueberdies sind immer grössere Wassermengen vorhanden**).

---

*) Selbstverständlich ist die gleichzeitige Gegenwart von freiem Alkali und freien Fettsäuren ausgeschlossen.

**) Da der Wassergehalt der Seifen sich leicht ändert, sollen die Wägungen für alle Bestimmungen möglichst gleichzeitig gemacht werden.

a) **Wasser.** Ca. 5 g der aus der Mitte des Stückes entnommenen und geschabten Seife werden durch 1—2 Stunden bei ca. 50°, getrocknet. Dann steigert man die Temperatur langsam auf 100—110° und trocknet bis zur Gewichtsconstanz.

Bei Schmierseifen bringt man in ein ca. 100 ccm fassendes Becherglas, dessen Boden bis zu einer Höhe von 1,3 ccm mit ausgeglühtem Quarzsand bedeckt ist, einen kleinen Glasstab und wägt Becherglas + Sand + Glasstab. Dann gibt man ca. 5 g Seife hinein, wägt wieder, setzt 25 ccm Alkohol zu und erwärmt unter zeitweiligem Umrühren erst auf dem Wasserbade, dann im Trockenkasten auf 110° bis zur Gewichtsconstanz.

b) **Gesammtfett und Gesammtalkali.** 10—20 g feingeschnittene Seife werden in einem Becherglas in ca. 100 ccm heissem Wasser gelöst, eine überschüssige Menge titrirter Schwefelsäure (50—80 ccm Normalsäure) zugesetzt und in ein kochend heisses Wasserbad gestellt, bis die Fettsäuren klar abgeschieden sind. Man lässt nunmehr vollständig erkalten und setzt, wenn die Fettsäuren hiebei nicht erstarren, eine abgewogene, dem Gewichte der Seife annähernd gleiche Menge von Wachs, Paraffin oder Stearinsäure zu, erwärmt abermals und lässt wieder erkalten. Den nun festen Fettkuchen hebt man mittelst des Glasstabes aus dem Becherglas, spült ihn mit Wasser in das Becherglas ab, trocknet ihn äusserlich mit Filtrirpapier und bewahrt ihn an einem kühlen Orte auf. Die im Becherglas verbliebene Lösung wird filtrirt, mit Wasser gut gewaschen, und im Filtrat der Ueberschuss von Säure zurücktitrirt, unter Anwendung von Methylorange als Indicator. Aus der zur Zersetzung verbrauchten Menge von Säure erfährt man den Gehalt an **Gesammtalkali**, entsprechend dem an Fettsäure gebundenen, freien und kohlensauren Alkali.

Zur Bestimmung des **Gesammtfettes** löst man die im Becherglas verbliebenen Theilchen von Fettsäuren in etwas Aether, filtrirt durch das früher verwendete Filter und bringt das ätherische Filtrat in eine vorher gewogene Glasschale sammt Glasstab. Nach dem Abdampfen des Aethers bringt man den Fettkuchen in die Schale und erhitzt unter beständigem Umrühren mit ganz kleinem Flämmchen, bis das durch den entweichenden Wasserdampf verursachte, knisternde Geräusch aufhört, und sich eben Dämpfe der Fettsäuren zu entwickeln beginnen. Die Glasschale wird nach dem Erkalten gewogen, die etwa zugesetzte Menge Paraffin etc. in Abrechnung gebracht, und so das Gesammtfett gefunden. In demselben finden sich auch etwa vorhandenes Neutralfett, sowie freie Fett-säuren vor.

c) **Kohlensaures und freies Alkali.** Zur qualitativen Prüfung löst man etwas Seife unter Erwärmen in Alkohol, filtrirt, wäscht mit Alkohol nach und prüft einerseits das Filtrat mit Phe-nolphtaleïn auf freies Alkali, welches sich durch Röthung erkenntlich macht, andererseits den am Filter verbliebenen Rückstand, den man in etwas Wasser löst auf kohlensaures Alkali ebenfalls mit Phenolphtaleïn unter Erwärmen.

Zur quantitativen Bestimmung verfährt man mit ca. 10 g Seife in der gleichen Weise, wobei man das Auswaschen mit Alkohol sorgfältig vornehmen muss und zweckmässig einen Warm-wassertrichter beim Filtriren verwendet.

Sowohl das alkoholische Filtrat, als die wässrige Lösung des gut gewaschenen Rückstandes werden mit $^1/_{10}$ Normal-Säure titrirt, ersteres mit Phenolphtaleïn, letztere mit Methylorange als Indicator.

Zieht man von dem nach b) gefundenen Gesammtalkali das freie und kohlensaure Alkali ab (alles auf Alkalioxyd gerechnet), so erfährt man das an **Fettsäure gebundene Alkali.** Letzteres lässt sich auch direct ermitteln, indem man eine abgewogene Menge Seife in Wasser löst, mit überschüssiger Säure zersetzt, die aus-geschiedenen Fettsäuren durch ein vorher genässtes Filter filtrirt, dann gut auswäscht, Fettsäuren sammt Filter in ein Becherglas bringt, in Alkohol löst und mit Lauge unter Phenolphtaleïn-Zusatz titrirt.

In der Regel rechnet man den Alkaligehalt harter Seifen auf Natriumoxyd, den weicher Seifen auf Kaliumoxyd. Liegt die An-nahme vor, dass in einer Seife **Kali und Natron** enthalten sind, so werden ca. 5 g der Seife in einer Platinschale verbrannt, bis ein kohliger Rückstand hinterbleibt, dieser mit heissem Wasser behandelt, filtrirt und gewaschen. In der wässerigen Lösung kann zunächst durch Titration mit Salzsäure eine Controlbestimmung des Gesammtalkaligehaltes vorgenommen werden, und dann eine Bestimmung des Kalis mittelst Platinchlorid in bekannter Weise erfolgen. (Siehe Kalidünger S. 81.)

d) **Freie Fettsäuren.** Wenn sich die alkoholische Lösung einer Seife bei Zusatz von Phenolphtaleïn nicht röthet, mithin freies Alkali nicht vorhanden ist, können sich in derselben freie

Fettsäuren vorfinden, die durch Titration mit Natronlauge bestimmt werden.

e) **Neutralfett.** Eine grössere Menge feingeschabter Seife wird abgewogen, getrocknet und sodann im Soxhlet'schen Extractionsapparat mit Aether extrahirt. Die ätherische Lösung wird, um geringe Mengen in Lösung gegangener Seife zu entfernen, 2—3 mal mit wenig Wasser im Scheidetrichter ausgeschüttelt, dann, wenn nöthig, filtrirt, der Aether abgedampft, der Rückstand nach dem Abblasen gewogen. Er enthält auch die etwa vorhandenen, freien Fettsäuren, die nach d) bestimmt und abgezogen oder direct in demselben titrirt werden können.

Zusammenstellung der Analyse. In das Resultat der Analyse darf nicht die procentische Ausbeute an Fettsäuren eingestellt werden, sondern man muss dieselben erst auf Anhydride umrechnen. Man begeht keinen grossen Fehler, wenn man hierbei auf 100 Theile Fettsäuren 3,25 Proc. in Abrechnung bringt[*]).

Um zu erfahren, aus welchem Fett eine Seife hergestellt wurde, prüft man die ausgeschiedenen Fettsäuren auf Schmelzpunkt, Erstarrungspunkt, specifisches Gewicht, Jodzahl, Verseifungszahl etc.

Bestimmung fremder Beimengungen in Seifen.

a) **Untersuchung des in Alkohol unlöslichen Rückstandes.** Zur Bestimmung der Gesammtmenge desselben wird eine abgewogene Menge der Seife getrocknet und mit der 8—10-fachen Menge Alkohol am Wasserbade erwärmt. Dann wird durch ein gewogenes Filter filtrirt, mit Alkohol gewaschen, getrocknet und gewogen.

Man extrahirt nun den Rückstand mit kaltem Wasser und prüft die wässerige Lösung auf **Chloride, Sulfate, Carbonate, Silicate und Borate der Alkalien.** Eventuell wird auch eine quantitative Bestimmung dieser Bestandtheile in bekannter Weise vorgenommen.

Der in Wasser ungelöst gebliebene Theil wird zur Zerstörung organischer Substanzen geglüht, gewogen, und die Asche qualitativ

---

[*]) Statt dessen kann auch eine, dem an Fettsäuren gebundenen Alkali äquivalente Menge Wasser abgezogen werden.

und quantitativ untersucht. Sie ist vorzugsweise auf Kreide, Thon, Kieselguhr etc. zu prüfen.

Von den im Rückstande aus der alkoholischen Lösung der Seife etwa enthaltenen organischen Substanzen, wird Dextrin mit kaltem Wasser extrahirt und kann aus der wässerigen Lösung mit Alkohol wieder gefällt werden. Stärke lässt sich unter dem Mikroskop sowie durch die Blaufärbung mit Jodlösung nachweisen.

b) Glycerin. Zur quantitativen Bestimmung freien Glycerins löst man 1—10 g Seife in Wasser oder, wenn organische, in Alkohol unlösliche Bestandtheile vorhanden sind, in Methylalkohol auf, filtrirt, verjagt den Methylalkohol, scheidet die Fettsäuren mit verdünnter Salzsäure ab und verfährt mit dem sauren Filtrate nach der Glycerinbestimmungsmethode von Benedikt und Zsigmondy. (Siehe Glycerin S. 158.)

c) Harzgehalt. Zum qualitativen Nachweis von Harz in Seifen oder in den aus denselben abgeschiedenen Fettsäuren benutzt man die Reaction von Storch und Morawski (S. 144).

Für die quantitative Harzbestimmung in dem aus den Seifen mittelst Säuren ausgeschiedenen Gemenge von Fettsäuren und Harz wurde die Methode von Gladding bisher zumeist verwendet. Sie gründet sich darauf, dass fettsaures Silberoxyd in Aether unlöslich, harzsaures Silberoxyd hingegen löslich ist.

Neuerer Zeit wird die Methode von Twitschell vorgezogen. Sie beruht auf der Eigenschaft der Fettsäuren, bei Einwirkung von Salzsäuregas auf ihre alkoholische Lösung in die Aethylester überzugehen, während Harzsäuren unter den gleichen Verhältnissen sich nicht ändern.

Zur Durchführung werden 2—3 g des Harz-Fettsäuregemisches in einem Kolben in dem 10fachen Volumen absoluten Alkohols gelöst und ein mässiger Strom trockenen Salzsäuregases eingeleitet. Während dieses Processes wird durch gute Kühlung die Temperatur unter 20° gehalten. Das Salzsäuregas wird anfangs rasch absorbirt. Nach Verlauf von ca. $^3/_4$ Stunden scheiden sich die gebildeten Ester an der Oberfläche ab, und die weitere Absorption des Salzsäuregases hört auf. Man entfernt aus dem Kühlwasser, lässt eine halbe Stunde stehen, verdünnt mit dem fünffachen Wasservolumen und kocht, bis die saure Lösung klar geworden. Zur Bestimmung der Menge der Harzsäuren kann gewichts- oder maassanalytisch verfahren werden.

α) **Gewichtsanalytische Methode.** Der Kolbeninhalt wird in einen Scheidetrichter gebracht, mit Petroläther durchgeschüttelt, die saure Lösung abgezogen, die Petrolätherschichte mit Wasser gewaschen und mit einer Lösung von 5 g Aetzkali in 5 ccm Alkohol und 50 ccm Wasser ausgeschüttelt. Das Harz wird verseift, die Seife bleibt in der wässrigen Lösung, die sich vollkommen von der Petrolätherschichte trennt. Die Lösung der Harzseife wird dann abgelassen, und die Petrolätherschichte zuerst mit verdünnter Aetzkalilösung, dann mit Wasser gewaschen. Die vereinigten wässerigen Ausschüttelungen werden mit verdünnter Salzsäure zerlegt, die ausgeschiedenen Harzsäuren in Aether gelöst, der Aether abdestillirt, und der Rückstand bei 100° getrocknet und gewogen.

β) **Maassanalytische Methode.** Der Inhalt des Kolbens wird in einem Scheidetrichter mit etwa 75 ccm Aether durchgeschüttelt, die saure, wässrige Schichte abgelassen, die Aetherschichte mit Wasser bis zum Verschwinden der sauren Reaction auf Lackmuspapier gewaschen. Man setzt 50 ccm Alkohol zu und titrirt mit $\frac{1}{2}$ Normal-Lauge unter Anwendung von Phenolphtaleïn als Indicator. Die Harzsäuren werden verseift, während die Fettsäureester intact bleiben. Zur Berechnung wird als Aequivalent für die Harzsäuren der Werth 346 angenommen.

3. Türkischrothöl.

Türkischrothöl ist ein Product der unter Kühlung stattfindenden Einwirkung von conc. Schwefelsäure auf Ricinusöl*), welchem noch so viel Ammoniak zugerührt wird, dass sich eine Probe mit Wasser vollkommen emulsioniren lässt. Das Türkischrothöl enthält einen im Wasser löslichen Antheil, der aus Ricinolschwefelsäure besteht und sich aus der wässerigen Lösung mit Kochsalz, mässig verdünnter Schwefelsäure und Salzsäure aussalzen lässt. Beim Kochen mit Wasser oder alkalischen Lösungen wird die Ricinolschwefelsäure nicht zersetzt, hingegen spaltet sie sich beim Kochen mit verdünnten Säuren in Ricinolsäure und Schwefelsäure.

Der in Wasser unlösliche Antheil des Türkischrothöles besteht zum grössten Theil aus freier Ricinolsäure und enthält da-

---

*) Zuweilen auch auf andere Oele.

neben etwas Neutralfett und vielleicht Polyricinusölsäuren und Anhydride der Ricinolsäure und der vorerwähnten Säuren.

Gutes Ricinusöl soll mit Wasser eine längere Zeit anhaltende Emulsion geben, sich in Ammoniak klar lösen und auch bei nachherigem Verdünnen mit viel Wasser sich nicht trüben.

Chemische Untersuchung.

Nach Benedikt hat sich dieselbe in erster Linie auf die Bestimmung des Gesammtfettes zu erstrecken. Bei genaueren Untersuchungen werden auch der Gehalt an Neutralfett, an Fettschwefelsäuren, Ammoniak, Natron und Schwefelsäure nach den von genanntem Autor ausgearbeiteten Methoden bestimmt.

a) Gesammtfett. Unter demselben ist die Summe des in Wasser unlöslichen Antheiles des angesäuerten Oeles (Fettsäuren, Oxyfettsäuren und Neutralfett) und der durch Zersetzung der löslichen Fettschwefelsäuren gewinnbaren Oxyfettsäuren zu verstehen.

Zur Durchführung werden ca. 4 g der Probe in einer dünnwandigen, halbkugeligen Glasschale von ca. 125 ccm Inhalt, die vorher sammt kleinem Glasstab gewogen wurde, mit allmählich zugesetzten 20 ccm Wasser angerührt. Ist die Flüssigkeit trübe, so lässt man nach Zusatz eines Tropfens Phenolphtaleïnlösung Ammoniak bis zur schwach alkalischen Reaction zufliessen. Nun vermischt man mit 15 ccm mit dem gleichen Volumen Wasser verdünnter Schwefelsäure und fügt 6—8 g Stearinsäure zu. Hierauf erhitzt man so lange zum schwachen Sieden, bis sich das Fett klar abgeschieden hat, lässt erkalten, hebt den erstarrten Kuchen mit dem Glasstabe ab, spült ihn mit wenig Wasser in die Schale ab und stellt ihn auf Fliesspapier. Um an den Wänden haftende Fettpartikelchen zu sammeln, erwärmt man die Flüssigkeit in der Schale, bis sich die Fetttheilchen zu 1—2 Tropfen vereinigt haben. Dann nimmt man die Schale vom Wasserbad weg und neigt sie derart, dass die Fetttropfen an die Glaswand gelangen, wo sie sofort erstarren und anhaften. Die Flüssigkeit wird nun abgegossen, der Fettkuchen in die ausgespülte Schale gebracht und über ganz kleinem Flämmchen in der Weise erhitzt, wie es bei der Gesammt-Fettbestimmung in Seifen (S. 150) vorgeschrieben wurde. Der erkaltete Rückstand wird gewogen und die zugesetzte Stearinsäuremenge in Abrechnung gebracht.

b) **Neutralfett.** Ca. 30 g der Probe werden in 50 ccm Wasser gelöst, mit 20 ccm Ammoniak und 30 ccm Glycerin versetzt und zweimal mit je 100 ccm Aether ausgeschüttelt. Kleine, in die ätherische Lösung übergegangene Seifenmengen werden durch Schütteln mit etwas Wasser entfernt, dann der Aether abdestillirt, der Rückstand erst im Wasserbade, dann im Luftbade bei 100^0 getrocknet und gewogen.

c) **Lösliche Fettsäuren** (Fettschwefelsäuren). 5—10 g der Probe werden in einem Druckfläschchen in 25 ccm Wasser gelöst, mit 25 ccm rauchender Salzsäure versetzt und im Oelbade eine Stunde auf 130—150^0 erhitzt. Dann verdünnt man mit Wasser, übergiesst in ein Becherglas und filtrirt die Fettschicht ab. (Um dies leichter zu bewirken, kann man vorher eine nicht gewogene Menge Stearinsäure zusetzen, aufkochen und wieder erkalten lassen.) Im Filtrate wird eine Schwefelsäurebestimmung mit Chlorbaryum vorgenommen, davon die nach e) zu ermittelnde Schwefelsäuremenge abgezogen, und der Rest auf Ricinolschwefelsäure umgerechnet. (80 Theile Schwefelsäure entsprechen 378 Theilen Ricinolschwefelsäure.)

d) **Ammoniak und Natron.** 15—20 g Oel werden in etwas Aether gelöst und viermal mit je 5 ccm verdünnter Schwefelsäure ausgeschüttelt. Von den vereinigten, sauren Auszügen wird ein Theil zur Bestimmung des Ammoniaks durch Destillation mit Aetzkali, der andere zur Bestimmung des Natrons in Form von schwefelsaurem Natron verwendet. Letzteres wird durch Abdampfen am Wasserbade, Abrauchen der freien Schwefelsäure und Glühen unter Zusatz von etwas kohlensaurem Ammon erhalten.

e) **Schwefelsäure.** Die in Form von schwefelsaurem Ammon oder Natron vorhandene Schwefelsäure wird bestimmt, indem man das in Aether gelöste Oel mehrmals mit einer geringen Menge gesättigter, schwefelsäurefreier Kochsalzlösung ausschüttelt und die vereinigten, verdünnten und filtrirten Auszüge mit Chlorbaryum fällt.

Will man über die Abstammung eines Türkischrothöles ein Urtheil erhalten und insbesondere entscheiden, ob reines Ricinus-Türkischrothöl vorliegt, so bestimmt man eine Jodzahl und Acetylzahl des nach a), aber ohne Stearinsäure-Zusatz abgeschiedenen Gesammtfettes. Eine Jodzahl bedeutend unter 70 und eine Acetylzahl unter 140 deuten auf eine Mischung mit anderen Oelen.

4. Glycerin.

a) **Rohglycerin.** Zur Bestimmung des Glyceringehaltes im Rohglycerin empfiehlt sich das **Acetinverfahren**. Es gründet sich darauf, dass Glycerin beim Kochen mit Essigsäureanhydrid quantitativ in Triacetin übergeht. Löst man dann in Wasser und neutralisirt die freie Essigsäure mit Natronlauge, so lässt sich die Menge des gelösten Triacetins leicht durch Verseifen mit Natronlauge und Zurücktitriren des Ueberschusses bestimmen.

Zur Durchführung benöthigt man:

α) $^1/_2$ Normal bis Normal-Salzsäure, deren Titer genau gestellt ist.

β) Verdünnte, nicht titrirte Lauge, nicht mehr als 20 g Natronhydrat im Liter enthaltend.

γ) Concentrirte, etwa 10 proc. Natronlauge, die am besten in einer mit 25 ccm Pipette versehenen Flasche aufbewahrt wird.

Man wägt 1—1,5 g der Probe in einem weithalsigen Kölbchen mit kugelförmigem Boden von etwa 100 ccm Inhalt ab, fügt 7—8 g Essigsäureanhydrid und ca. 3 g entwässertes Natriumacetat zu und kocht 1—1$^1/_2$ Stunden am Rückflusskühler. Dann lässt man etwas abkühlen, verdünnt mit 50 ccm Wasser und erwärmt ebenfalls am Rückflusskühler bis zur vollständigen Lösung des Oeles. Nunmehr filtrirt man in einen weithalsigen Kolben von 400—600 ccm, wobei meist ein reichlicher, weisser, flockiger Niederschlag am Filter hinterbleibt, wäscht das Filter gut aus, lässt vollständig erkalten, fügt Phenolphtaleïn zu und neutralisirt genau mit der verdünnten Lauge. Man hört auf, sobald die gelbliche Farbe der Flüssigkeit in Röthlichgelb verwandelt ist. Die Neutralisation muss in der Kälte und mit verdünnter Lauge vorgenommen werden, da sonst Verseifung des Triacetins eintritt.

Nun lässt man mittelst der Pipette 25 ccm der concentrirten, 10 proc. Lauge in die Flüssigkeit einlaufen und bei jedem Versuch die gleiche Tropfenanzahl nachlaufen. Man kocht eine Viertelstunde und titrirt den Ueberschuss der Lauge mit Salzsäure zurück. Dann titrirt man die genau gleiche Menge (25 ccm) Lauge mit Salzsäure und berechnet aus der Differenz die zur Zerlegung des Triacetins verbrauchte Natronmenge und aus dieser den Gehalt an Glycerin. (3 Molecüle NaOH entsprechen 1 Mol. Glycerin.)

b) Glycerinbestimmung in Fetten und Seifen. Wird Glycerin in stark alkalischer Lösung bei gewöhnlicher Temperatur mit Kaliumpermanganat oxydirt, so geht es glatt in Oxalsäure über, nach der Gleichung:

$$C_3 H_8 O_3 + 3 O_2 = C_2 H_2 O_4 + CO_2 + 3 H_2 O.$$

Darauf gründet sich die Glycerinbestimmung von Benedikt und Zsigmondy, die wir in den Modificationen von Herbig und Mangold hier folgen lassen.

2—3 g Fett werden mit Kalihydrat und ganz reinem Methylalkohol verseift, der Alkohol durch Abdampfen verjagt, der Rückstand in heissem Wasser gelöst, und die Seife mit verdünnter Salzsäure zersetzt. Dann erwärmt man, bis die Fettsäuren klar abgeschieden sind, setzt bei flüssigen Fetten zweckmässig etwas Paraffin zu, kühlt vollkommen ab, filtrirt in einen Literkolben und wäscht gut nach. (Für Seifen ist bis hierher der dort angegebenen Vorschrift S. 153 zu folgen.)

Man neutralisirt nunmehr nach Zusatz eines Tropfens Phenolphtaleïn mit Kalilauge, setzt noch 10 g Aetzkali zu und lässt in der Kälte so viel einer 5proc. Kaliumpermanganatlösung zufliessen, als der $1\frac{1}{2}$fachen, theoretischen Menge annähernd entspricht (auf 1 Theil Glycerin 6,87 Th. Kaliumpermanganat).

Die Flüssigkeit wird dann nicht mehr grün, sondern blau oder schwärzlich gefärbt erscheinen. Man lässt etwa $\frac{1}{2}$ Stunde bei gewöhnlicher Temperatur stehen, setzt dann, unter Vermeidung eines grösseren Ueberschusses, Wasserstoffhyperoxyd hinzu, bis die über dem Niederschlag stehende Flüssigkeit farblos geworden ist, füllt bis zur Marke an, schüttelt den Kolbeninhalt tüchtig durch und filtrirt 500 ccm der Flüssigkeit durch ein trockenes Filter ab. Das Filtrat wird zur Zerstörung des Wasserstoffhyperoxydes $\frac{1}{2}$ Stunde lang erhitzt, auf etwa 60° abkühlen gelassen, und nach Zusatz von Schwefelsäure die entstandene Oxalsäure mit Chamäleon titrirt.

An Stelle der Titration der Oxalsäure kann man auch das Filtrat nach dem Ansäuern mit Essigsäure mit Chlorcalcium fällen, den oxalsauren Kalk abfiltriren und entweder gewichtsanalytisch als Calciumoxyd bestimmen, oder nach dem Auflösen in Schwefelsäure wie oben mit Permanganat titriren.

IX. Beizen und Gerbstoffe.

A. Beizen.

Die als Beizen zumeist verwendeten Producte sind Verbindungen der Thonerde, des Chroms, des Eisens, des Zinns, Antimons und Kupfers.

1. Thonerdebeizen.

Hierher gehören schwefelsaure Thonerde, Alaun, Thonerdenatron, Aluminiumacetat.

a) Schwefelsaure Thonerde $Al_2(SO_4)_3 + 18 H_2 O$. Sie ist hauptsächlich auf einen Gehalt an Eisen und freier Schwefelsäure zu prüfen.

Zur qualitativen Prüfung auf Eisen versetzt man die mit etwas Salpetersäure oxydirte Lösung mit Rhodankalium und beobachtet das Eintreten einer Rothfärbung. Dieselbe Methode kann nach Lunge*) sehr zweckmässig zur quantitativen Eisenbestimmung auf colorimetrischem Wege angewendet werden.

Zur Durchführung benöthigt man a) eine 10proc. Rhodankaliumlösung, β) reinen Aether, γ) eine Ammoniak-Eisenalaunlösung, enthaltend 8,606 g Eisenalaun und 6 ccm reine, conc. Schwefelsäure pr. Liter; von dieser Lösung wird bei dem Versuche 1 ccm genommen und auf 100 ccm verdünnt; diese verdünnte Lösung enthält im Liter 0,010 g Eisen, δ) reine, eisenfreie Salpetersäure, η) mehrere Schüttelcylinder, welche bis 25 ccm in $^1/_{10}$ ccm getheilt sind und über der 25 ccm-Marke noch einen Spielraum von ca. 5 ccm besitzen. Die Cylinder sollen in der Höhe und Weite möglichst gleichartig sein.

---

*) Zeitschrift f. angewandte Chemie. Jahrg. 1894, S. 669 u. Jahrgang 1896, S. 3.

Von dem zu prüfenden Thonerdesulfat werden bei geringem Eisengehalte, wie derselbe in guten Handelssorten sich vorfinden kann, 1—2 g in wenig Wasser gelöst, zur Lösung genau 1 ccm Salpetersäure δ) gegeben, einige Minuten erwärmt, abkühlen gelassen und auf 50 ccm verdünnt. Gleichzeitig wird 1 ccm Salpetersäure δ) für sich mit Wasser auf 50 ccm verdünnt. Nun gibt man in einen der Schüttelcylinder (A) genau 5 ccm der zu prüfenden Thonerdelösung, in den anderen (B) 5 ccm der verdünnten Salpetersäure, setzt zu der letzteren aus einer Bürette eine beliebige Menge, z. B. 1 ccm der verdünnten Eisenlösung γ) und, um gleiche Verdünnung zu erhalten, dasselbe Volumen Wasser in den Cylinder A. Hierauf bringt man in jeden der beiden Cylinder 5 ccm der Rhodanlösung α), fügt endlich 10 ccm Aether β) hinzu, setzt den Stopfen auf und schüttelt anhaltend durch, bis die wässerige Schichte vollkommen entfärbt ist.

Die Intensität der Färbungen der Aetherschichten wird nunmehr verglichen. Grobe Unterschiede lassen sich sofort beobachten, und wird man dann gleich einen oder mehrere weitere Versuche mit geringen oder grösseren Mengen der verdünnten Eisenlösung anstellen. Sind die Nuancen nahezu gleich, so vergleicht man besser erst nach mehrstündigem Stehen. Die Genauigkeit kann man recht gut bis auf $\pm$ 0,1 ccm der Eisenalaunlösung bringen, jedoch nur, wenn die Gesammtmenge des Eisens dem Eisengehalte in höchstens 2 ccm der Eisenalaunlösung gleichkam. Beim Vergleiche betrachtet man im durchfallenden Lichte, besser aber von oben durch die ganze Höhe der Aetherschichte und stellt dann zweckmässig die zu vergleichenden Cylinder auf eine weisse Unterlage.

Enthält die schwefelsaure Thonerde grössere Eisenmengen, so muss eine wesentlich verdünntere Lösung zur Untersuchung verwendet werden. Bei einem Gehalte von etwa $\frac{1}{4}$ Proc. Eisen (dem Maximalgehalte, bei welchem die colorimetrische Methode noch recht zweckmässig anzuwenden ist) werden nur 0,2 g der Probe auf 250 ccm gelöst, und von der Lösung wieder 5 ccm (= 0,004 g der Probe) zur Prüfung verwendet.

Freie Schwefelsäure wird qualitativ nachgewiesen, indem man das fein zerriebene und getrocknete Präparat mit dem 10fachen Gewicht absoluten Alkohols behandelt, wobei die freie Säure ausgezogen und in der alkoholischen Lösung mit Lackmuspapier erkannt wird. Durch Titration der Lösung mit $^1/_{10}$ Alkali kann auch eine annähernde, quantitative Bestimmung gemacht werden. Für eine häufig erforderliche, genaue, quantitative Bestimmung der freien Schwefelsäure werden 1—2 g Aluminiumsulfat in 5 ccm Wasser gelöst, 5 ccm einer kalt gesättigten, neutralen Lösung von schwefelsaurem Ammonium zugegeben und durch eine Viertelstunde häufig umgerührt. Alsdann setzt man 50 ccm Alkohol von 95 Proc. zu und bewirkt dadurch eine Fällung der ganzen schwefelsauren Thonerde in Form von Ammoniumalaun, während die gesammte, freie Schwefelsäure in Lösung bleibt. Man filtrirt, wäscht mit 50 ccm Alkohol von 95 Proc. nach, verdunstet das Filtrat am Wasserbad und titrirt den in Wasser gelösten Rückstand mit $^1/_{10}$ Normal-Lauge.

b) **Alaun.** Die Untersuchung auf Eisenoxyd und freie Schwefelsäure erfolgt wie unter a), nur kann man zur Schwefelsäure-Bestimmung die directe Extraction mit Alkohol verwenden. Grössere Mengen von Natronalaun können in Kalialaun durch die leichtere Löslichkeit des ersteren in Wasser erkannt werden. (Natronalaun löst sich in 2 Th., Kalialaun in 10 Th. Wasser.) Verwendung finden hauptsächlich Kalialaun $K_2 SO_4 . Al_2 (SO_4)_3 + 24 H_2 O$ und Natronalaun $Na_2 SO_4 . Al_2 (SO_4)_3 + 24 H_2 O$.

c) **Thonerdenatron.** Die Untersuchung nach Lunge wurde bereits im 1. Kapitel (S. 19) angegeben.

d) **Essigsaure Thonerde.** Der Thonerdegehalt wird in bekannter Weise bestimmt. Zur Bestimmung der Essigsäure destillirt man am besten mit Phosphorsäure und titrirt das Destillat mit Normallauge und Phenolphtaleïn als Indicator.

2. Chrombeizen.

Verwendung finden zumeist **Kalium- und Natriumbichromat**, dann **Chromfluorid**, seltener **Chromalaun.**

a) **Kalium- und Natriumbichromat.** In beiden Materialien wird der Gehalt an **Chromsäure**, sowie ein besonders im Natriumbichromat meist vorkommender Gehalt an **schwefelsauren Salzen** bestimmt.

α) **Chromsäure.** Die Bestimmung erfolgt entweder maassanalytisch, und zwar am besten auf jodometrischem Wege, oder gewichtsanalytisch nach Reduction der Chromsäure mit Salzsäure und Alkohol, durch Fällung mit Ammoniak.

β) Schwefelsäure. Die wie früher reducirte Lösung wird zunächst mit Ammoniak gefällt, und im Filtrate die Schwefelsäure mit Chlorbaryum bestimmt. Die Schwefelsäure ist im Kaliumbichromat in Form von Kaliumsulfat, im Natriumbichromat in Form von Natriumsulfat enthalten.

b) Chromfluorid. Die Bestimmung des Chroms erfolgt durch Fällung mit Ammoniak.

c) Chromalaun. Er kann organische, theerige Stoffe, Gyps und schwefelsaures Natron in grösseren Mengen als Verunreinigung enthalten.

3. Eisenbeizen.

Sie kommen in Form von Eisenoxydul- und Eisenoxydbeizen zur Anwendung, und zwar in ersterer Form als Eisenvitriol, in letzterer als salpetersaures Eisenoxyd einem durch Oxydation von Eisenvitriol mit Salpetersäure erhaltenen, basisch schwefelsaurem Eisenoxyd.

In beiden Verbindungen wird eine Bestimmung des Gesammt-Eisens nach Oxydation mit Salpetersäure durch Fällung mit Ammoniak und eine Bestimmung des Eisenoxyduls durch Titration mit Kaliumpermanganat in schwefelsaurer Lösung durchgeführt.

Im salpetersauren Eisenoxyd wird ferner meist die Schwefelsäure nach dem Ausfällen des Eisens mit Ammoniak, mit Chlorbaryum, sowie die Salpetersäure nach bekannten Methoden bestimmt.

4. Zinnbeizen.

Es finden sowohl Zinnchlorür (Zinnsalz) $Sn\,Cl_2 + 2\,H_2\,O$, als Zinnchlorid $Sn\,Cl_4$ Anwendung.

a) Zinnchlorür. Reines Zinnsalz löst sich im fünffachen Gewichte absoluten Alkohols vollkommen auf, oxydirtes gibt einen zarten, pulvrigen oder flockigen Niederschlag, der sich beim Zusatz von alkoholischer Salzsäure löst. Verfälschungen bleiben in Form von Krystalltrümmern zurück.

Gehalt an Zinnoxydul (Zinnchlorür). (Nach Goppelsoder und Trechsel, modificirt von Fraenkel*). 3—4 g Zinn-

---

*) Mittheilungen des k. k. technolog. Gewerbe-Museums 1892. Heft 7.

salz werden unter Zusatz von 30—40 ccm 10proc. Salzsäure zu 500 ccm gelöst, 50 ccm der Lösung in einer Stöpselflasche mit 50 ccm $^1/_{10}$ Normal - Kaliumbichromatlösung zusammengebracht, und nach 15 Minuten 10—15 ccm Jodkaliumlösung und 5—10 ccm Salzsäure (beide 1 : 10) zugesetzt. Nach halbstündiger Einwirkung wird mit ca. 200 ccm Wassser verdünnt, und das ausgeschiedene Jod mit $^1/_{10}$ Normal-Hyposulfitlösung zurücktitrirt. Aus der Differenz zwischen der zugesetzten Chromatlösung (in ccm) und der zurück-titrirten Menge Hyposulfitlösung wird der Zinnoxydulgehalt berech-net (1 Sn Cl$_2$ = 1 Sn O = 2 J). Bei Anwendung von genau $^1/_{10}$ Nor-mal-Lösungen ist die Differenz nur mit 0,01125 zu multipliciren und ins procentische Verhältniss zu setzen, um den Gehalt an krystallisirtem Zinnchlorür (Sn Cl$_2$ + 2 H$_2$ O) zu erfahren.

b) **Zinnchlorid.** Dasselbe kommt in fester Form oder in Form von Lösungen mit 10—20 Proc. Zinn in den Handel. Es ist insbesondere auf einen Gehalt an Eisen und Salpetersäure zu prüfen. Zinnchlorür wird in demselben mit Quecksilberchlorid nachgewiesen.

Gesammt-Zinn. 0,5—1 g des Salzes oder 2—4 ccm der Lösung werden mit Wasser zu 100—200 ccm verdünnt und, falls Zinnchlorür vorhanden, mit schwacher Jodlösung bis zur leicht gelblichen Färbung versetzt. Dann wird allmählich Ammoniak bis zum be-ginnenden Opalisiren zugegeben, und das Zinn mit gesättigter Glaubersalzlösung im Ueberschuss gefällt. Die Flüssigkeit wird einige Zeit zum Kochen erhitzt, dann der ziemlich voluminöse Niederschlag 2 — 3 mal mit heissem Wasser decantirt, derselbe schliesslich aufs Filter gebracht, gründlich ausgewaschen, geglüht und als Zinnoxyd gewogen.

5. Antimonbeizen.

Es kommen hauptsächlich in Betracht: **Brechweinstein** (weinsaures Antimonkalium) SbO . K C$_4$ H$_4$ O$_6$ + $^1/_2$ H$_2$ O und **De Haen'sches Salz** SbFl$_3$. (NH$_4$)$_2$ SO$_4$. Das oxalsaure Antimon-kali wird neuerer Zeit weniger verwendet.

In der Regel genügt eine Antimonbestimmung, die am besten gewichtsanalytisch durch Fällung mit Schwefelwasserstoff in bekannter Weise durchgeführt wird.

Als maassanalytische Methode kann die Titration mit Jod-lösung verwendet werden. 0,5 g der Probe werden in ca. 50 ccm

Wasser gelöst und mit einer 10 proc. Lösung von Natriumbicarbonat bis zur alkalischen Reaction versetzt. Ein etwa entstandener Niederschlag wird durch Zusatz einer Seignettesalzlösung entfernt. Man setzt nun etwas Stärkekleister zu und titrirt mit Jodlösung bis eine durch kurze Zeit anhaltende Blaufärbung entsteht. (1 $Sb_2O_3 = 4J$.)

Die vorhandenen Säuren werden am besten nach Ausfällung des Antimons mit Schwefelwasserstoff bestimmt. Oxalsäure wird durch Entstehen eines Niederschlags mit Chlorcalcium in essigsaurer Lösung erkannt.

6. Kupferbeizen.

Als solche finden hauptsächlich Kupfervitriol, zuweilen auch Kupferacetat Anwendung. Die Ermittlung des Kupfergehaltes erfolgt nach bekannten Methoden. Auf einen Gehalt an Eisen soll geprüft, und dasselbe auch quantitativ bestimmt werden.

B. Gerbstoffe.

Die gerbenden Substanzen sind chemisch noch nicht genügend bekannt, um eine Abscheidung derselben im freien Zustande oder in Form charakterisirter Verbindungen zu ermöglichen. Die üblichen Methoden haben demnach keinen Anspruch als exact wissenschaftlich bezeichnet zu werden. Sie liefern für die Praxis annähernd ausreichende Resultate, vorausgesetzt, dass man als Gerbstoff das bezeichnet, „was gerbt", d. h. jene organischen Substanzen, die aus Lösungen durch Haut aufgenommen werden. Dabei werden in den meisten Fällen mehrere verschiedene, chemische Verbindungen unter dem Gesammtnamen „Gerbstoff oder gerbende Substanzen" bestimmt.

Unter den üblichen Verfahren sei hier nur das neuerer Zeit zumeist verwendete Verfahren der Wiener Versuchsstation von Simand und Weiss besprochen. Nach demselben werden in einem Theil der Gerbstofflösung durch Abdampfen sämmtliche in heissem Wasser lösliche Körper bestimmt, in einem zweiten Theil nach Ausfällen der Gerbstoffe mit Hautpulver durch Abdampfen die in heissem Wasser löslichen „Nichtgerbstoffe" ermittelt, und aus der Differenz der Gerbstoffgehalt gefunden.

1. Gerbstoff-Extracte.

a) Wasser- und Aschengehalt. 2—3 g Extract werden in einer kleinen Platinschale wenn nöthig abgedampft, dann bei 100^0 bis zum constanten Gewicht getrocknet und aus der Gewichtsabnahme der Wassergehalt ermittelt. Der Rückstand wird zur Bestimmung des Aschengehaltes verascht und dann gewogen.

b) In heissem Wasser lösliche Körper. Eine abgewogene Menge des Extractes, in welcher 10—12 g Trockensubstanz enthalten sind, wird in heissem Wasser gelöst, die Lösung in einen Literkolben gebracht, nach dem Erkalten zur Marke aufgefüllt und filtrirt. 100 ccm des klaren Filtrats werden in einer gewogenen Platinschale abgedampft, bei 100^0 bis zum constanten Gewicht getrocknet und gewogen. Dann wird der Rückstand verascht, die Aschenmenge abgezogen, und aus der Differenz die lösliche, organische Substanz (gerbende Stoffe und Nichtgerbstoffe) gefunden.

c) In heissem Wasser unlösliche, organische Substanz. Werden die nach a) und b) gefundenen procentischen Mengen von Asche, Wasser und löslichen, organischen Substanzen addirt und von 100 subtrahirt, so erhält man die in heissem Wasser unlösliche, organische Substanz.

d) Nichtgerbstoffe: Eine nicht zu dünnwandige, beiderseits offene, an den Rändern abgeschmolzene Glasröhre von 2 bis 2,5 cm Weite und 12 cm Höhe verschliesst man am unteren Ende mit einem nicht weit in die Röhre reichenden Kork, füllt in diese 6 g trockenes Hautpulver derart ein, dass dasselbe ohne starke Pressung gleichmässig vertheilt ist und insbesondere an der Wand ohne merkbare Lücken anliegt. Die so vorbereitete Röhre, welche oberhalb des Hautpulvers noch einen leeren Raum von 3 cm Höhe aufweisen muss, bringt man in ein 13—14 cm hohes und 5 cm weites Becherglas und füllt dieses nach und nach mit der nach b) bereiteten Gerbstofflösung an, ohne dabei von oben auf das Hautpulver Gerbstofflösung gelangen zu lassen. Nach einigen Stunden ist die Lösung von unten in das Innere der Röhre bis über das Hautpulver gestiegen. Nun bringt man mittelst eines gut passenden, in der Mitte durchbohrten Kautschukstöpsels ein mit Wasser gefülltes, weiter unten beschriebenes Heberrohr derart in das obere Ende der Hautpulverröhre, dass der Heber zwar in die Flüssigkeit eintaucht, aber noch etwas über der obersten Hautpulverschichte steht. Der Heber saugt allmählich die nunmehr farblose Flüssigkeit ab. Die ersten 30 ccm derselben werden weggegossen, die folgenden 100 ccm eingedampft und bis zum constanten Gewicht getrocknet. Zieht man von dem gefundenen Rückstand die darin enthaltene Aschenmenge ab, so ergibt die Differenz die nicht gerbenden Substanzen.

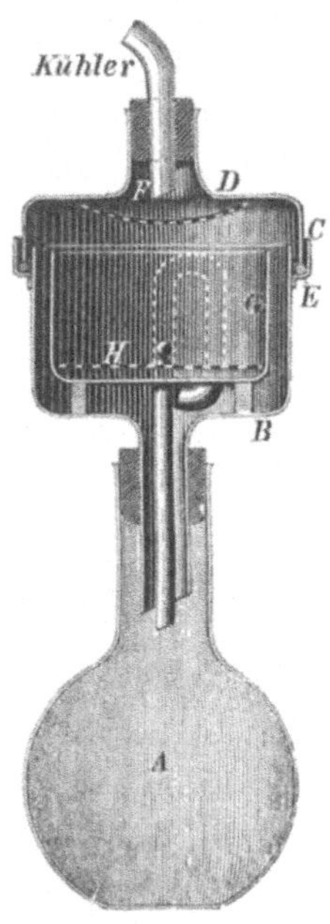

Fig. 11.
Extractions-Apparat für
Gerbmaterialien.

Das vorerwähnte Heberrohr ist eine zweimal rechtwinklig gebogene Glasröhre, deren einer, in das Hautrohr einzubringende Schenkel kurz ist, während der andere abwärts gehende die doppelte Länge des Hautrohrs besitzt. Der horizontale Theil der Röhre ist nur etwa 4 cm lang.

e) Gerbende Substanzen. Sie werden gefunden, indem man von den in heissem Wasser löslichen Körpern (b) den Nichtgerbstoff (d) abzieht.

2. Rohe Gerbmaterialien.

Um das vorbeschriebene Verfahren auch auf rohe Gerbmaterialien (Rinden, Hölzer u. s. w.) anwendbar zu machen, stellt man sich durch Erschöpfen des betreffenden Materials mit Wasser ebenfalls eine Lösung her, die in 100 ccm 1 — 1,2 g Trockensubstanz enthält.

Zur Extraction wurde von der Wiener Versuchsstation folgender Apparat vorgeschlagen (Fig. 11).

A ist ein weitmündiger, mehr als 1 Liter fassender Kolben; in diesen ist durch eine Bohrung des Stöpsels der Mantel B gesteckt, der aus Kupferblech verfertigt und innen verzinnt ist. Am oberen Ende des Mantels ist ein niedriger, kupferner Ring C angelöthet; in die dadurch gebildete Rinne passt der ebenfalls aus verzinntem Kupferblech hergestellte Deckel D. Ein in der Rinne untergelegter Kautschukring E und zwei an diametral einander gegenüberliegenden Stellen befindliche Bajonettverschlüsse gestatten ein dampfdichtes Aufsetzen des Deckels an den Mantel. Der Deckel ist oben durch einen Korkpfropfen geschlossen, durch welchen ein ziemlich weites Glasrohr zu einem Rückflusskühler führt. Inwendig ist an dem Deckel eine runde Zinnplatte angelöthet, die gegen die Mitte zu etwas abwärts gebogen und mit etwa linsengrossen Oeffnungen versehen ist, damit die condensirten Wassertropfen nach allen Seiten herabfallen. In dem von Mantel und Deckel gebildeten Raume steht das Gefäss G zur Aufnahme des Materials, welches ebenso wie das von einer Oeffnung im Boden ausgehende, heberförmige Ausflussrohr und der fein durchlöcherte Siebboden H aus Zinn hergestellt ist.

Das Gefäss G ist so gross, dass es bequem das erforderliche Quantum des zu extrahirenden Materials fasst. Nach Eitner, Weiss und Anderen sollen von Fichten- und Eichenrinde, Quebrachoholz u. s. w. 50—60 g, von Knoppern, Valoneen etc. 20—25 g extrahirt werden.

Ein ähnlicher, aber aus Glas hergestellter Apparat wurde auch von der Wiener Versuchsstation hergestellt. (Beide Apparate sind bei Stefan Baumann, Wien, VIII, Florianigasse 11 erhältlich.)

Die Untersuchung des so erhaltenen Extractes erfolgt genau nach der für Gerbstoffextract angegebenen Methode.

Gegen das Verfahren der Wiener Versuchsstation wurde der Einwand erhoben, dass aus den in der Hitze bereiteten, concentrirten Lösungen sich beim Erkalten schwer löslicher Gerbstoff ausscheidet, und dadurch Verluste bedingt seien. Von v. Schroeder wurde daher ein im Princip ähnliches Verfahren ausgearbeitet, bei welchem aber viel verdünntere Lösungen angewendet werden. Unseres Wissens ist das Wiener Verfahren dermalen am verbreitetsten und wird u. A. auch in England zumeist geübt.

X. Textilindustrie und Färberei.

Dieser Abschnitt umfasst eine grosse Anzahl technisch verwendeter Roh- und Hilfsstoffe, welche wesentlich in folgende Gruppen eingereiht werden können: Gespinnstfasern, Bleichmittel, Spicköle, Verdickungs-, Schlicht- und Appreturmittel, Gerbstoffe, Beizen und Farbstoffe. Einzelne dieser Gruppen, wie Spicköle, Gerbstoffe, Beizen wurden schon in früheren Abschnitten besprochen. Andere werden in so mannigfaltigen Formen und Arten in den Handel gebracht, dass wir uns mit der Anführung einiger weniger Beispiele begnügen müssen.

1. Gespinnstfasern.

Das beste Unterscheidungsmittel für die Gespinnstfasern ist das Mikroskop, für dessen Anwendung hier nur auf das ausgezeichnete, kleine Werk von v. Höhnel*) verwiesen sein soll.

Als chemische Unterscheidungsmerkmale von animalischen und vegetabilischen Fasern seien angeführt:

α) Verhalten beim Verbrennen. Animalische Fasern verbrennen unter Verbreitung eines eigenthümlichen Horngeruches und viel langsamer als vegetabilische Fasern. Erstere hinterlassen eine voluminöse, schwer verbrennbare Kohle, letztere veraschen leicht vollkommen.

β) Verhalten gegen Laugen. Beim Kochen mit einer ca. 10 proc. Kali- oder Natronlauge werden animalische Fasern gelöst, vegetabilische bleiben nicht wesentlich verändert zurück.

---

*) Die Mikroskopie der technisch verwendeten Faserstoffe von F. v. Höhnel, Wien, 1887.

γ) **Verhalten gegen Säuren.** Durch 2—3 stündiges Eintragen in verdünnte Säuren (insbesondere Schwefelsäure von der Dichte 1,03—1,04) und nachheriges Trocknen bei ca. 100° werden Pflanzenfasern zerstört (**carbonisirt**), animalische Fasern kaum merklich angegriffen. Aehnlich wirken Lösungen von Chlormagnesium und Chloraluminium, welche beim Erwärmen über 100° Säure abspalten.

δ) **Verhalten gegen Nitrirungsgemisch.** Nach **Peltier** taucht man die zu prüfenden Fasern etwa $^1/_4$ Stunde in ein Gemisch gleicher Volumina conc. Schwefelsäure und conc. Salpetersäure und wäscht mit viel Wasser. Hierbei wird **Seide** ganz gelöst, **Wolle** gelb oder gelbbraun gefärbt, während **Pflanzenfasern** sich weder in der Farbe noch in der Structur ändern, im getrockneten Zustand aber die Leichtentzündlichkeit der Schiesswolle zeigen.

a) Halbwoll-Garn und Gewebe.

In demselben wird der Gehalt an **Feuchtigkeit**, an **Fett** und an **Baumwolle** bestimmt, und der Gehalt an **Schafwolle** aus der Differenz berechnet.

α) **Feuchtigkeit.** Ca. 10 g, eventuell auch mehr, werden bis zum constanten Gewicht bei 100° getrocknet.

β) **Fett.** Die nach α) getrocknete Probe wird in einem Extractionsapparat mit Aether extrahirt, die ätherische Lösung in einen gewogenen Kolben gebracht (wenn nöthig unter Filtration), der Aether abdestillirt und schliesslich mittelst Luftstromes abgeblasen, bis das Gewicht nahezu constant ist. Das so erhaltene Fett kann eventuell noch auf verseifbare und unverseifbare Antheile geprüft werden. Etwa vorhandene **Seifen** gehen nicht in die ätherische Lösung. Sie können bestimmt werden, wenn man die mit Aether extrahirte Probe nachher mit Alkohol extrahirt.

γ) **Baumwolle.** Die getrocknete und entfettete Probe wird in eine kochend heisse, 10proc. Kalilauge eingetragen, das Kochen durch 15 Minuten fortgesetzt, dann das Ganze in ein mit destillirtem Wasser gefülltes, grosses Becherglas gegossen, die zurückgebliebene Baumwolle herausgenommen, gut ausgewunden, noch mehrmals ausgewaschen und schliesslich bei 100° bis zum constanten Gewicht getrocknet.

δ) **Schafwolle** wird aus der Differenz auf 100 berechnet.

b) Halbseide.

In Geweben, welche Seide und Baumwolle enthalten, kann der Baumwollgehalt nach dem oben unter a γ angegebenen Verfahren bestimmt werden.

c) Kunstwolle (Shoddywolle).

Selbe besteht aus einem Gemisch von ungebrauchten Wollfasern mit mehr oder weniger bereits verarbeiteten Fasern, unter welchen sich auch Baumwolle finden kann.

Zur Bestimmung der animalischen Fasern wird die Kunstwolle so, wie bei Halbwolle angegeben, mit Lauge behandelt.

Mikroskopisch lässt sich Kunstwolle meist daran erkennen, dass sich neben der Hauptmenge gleich gefärbter Fasern auch auffallend andersfarbige vorfinden, wodurch bewiesen wird, dass kein einheitlicher Färbeprocess angewendet wurde. Ausserdem lassen sich meist zahlreich vorhandene Rissenden sowie Wollfasern von sehr verschiedenem Charakter in der Kunstwolle nachweisen. Eine Trennung der verschiedenen, vorhandenen Gewebefasern und damit eine annähernde Festsetzung des Mischungsverhältnisses lässt sich ebenfalls unter dem Mikroskope durchführen, erfordert aber schon ziemliche Uebung*).

d) Oxycellulose.

Dieselbe entsteht bei der Einwirkung vieler Oxydationsmittel wie Chlor, Chlorkalk, Wasserstoffsuperoxyd, Kaliumpermanganat, Chromsäure auf Baumwolle, kann daher zumeist beim Bleichprocess gebildet werden. Ihre Entstehung muss wegen der dadurch eintretenden Schwächung der Baumwollfaser, die sich insbesondere bei der nachherigen Behandlung mit Alkalien, Soda oder Seife zeigt, sorgfältig vermieden werden.

Die Eigenschaft der Oxycellulose, basische Farbstoffe anzuziehen, kann nach Witz zu deren Nachweis dienen, indem man die zu prüfende Baumwolle in eine $\frac{1}{2}$ proc. Lösung von Methylenblau bringt. Die durch Oxycellulose angegriffenen Stellen werden mehr oder weniger stark blau gefärbt.

Zweckmässiger als dieses Verfahren eignet sich zum Nachweis der Oxycellulose deren Eigenschaft, Fehling'sche Lösung

---

*) Siehe Dr. F. R. v. Höhnel, Die Mikroskopie der technisch verwendeten Faserstoffe. Wien.

zu reduciren. Zu diesem Zweck wird das durch wiederholtes Auskochen oder besser durch Digeriren mit Malzaufguss bei 65°
entappretirte Gewebe*) mit einem Gemisch gleicher Raumtheile
beider Fehling'schen Lösungen, welches mit dem gleichen Volumen Wasser verdünnt wurde, 5 Minuten unter beständigem Rühren
gekocht. Hierauf wird das Gewebe gewaschen. Die durch Oxycellulose angegriffenen Stellen zeigen eine von abgelagertem Kupferoxydul herrührende Rosa-Färbung, die um so intensiver ist, je
mehr Oxycellulose im Gewebe vorhanden ist.

Auch die Gelbfärbung von oxycellulosehaltigen Stellen des
Gewebes beim Erwärmen mit alkalischer β-Naphtollösung kann
zum Nachweis dienen. Doch ist diese Reaction weit weniger empfindlich.

2. Bleichmittel.

Zum Bleichen animalischer Fasern werden schweflige
Säure, Natriumbisulfit, Wasserstoffsuperoxyd zumeist
verwendet. Für vegetabilische Fasern findet neben den genannten Producten noch insbesondere Chlorkalk Anwendung. Die
Untersuchung all dieser Substanzen ist als bekannt vorauszusetzen.

In neuester Zeit werden auch Salze der Ueberschwefelsäure
— Persulfate — als Bleichmittel verwendet. Die bleichende
Wirkung derselben ist ihren stark oxydirenden Eigenschaften zu-
zuschreiben, die aus folgender Zersetzungsgleichung des Ammo-
niumpersulfats ersichtlich sind;

$$(NH_4)_2\,S_2\,O_8 + H_2\,O = (NH_4)_2\,SO_4 + H_2\,SO_4 + O\,.$$

Die Bestimmung des wirksamen Sauerstoffs wird nach
Ulzer**) in folgender Weise durchgeführt:

Ca. 0,3 g der Probe werden mit einer überschüssigen Menge
einer Lösung von Eisenammonsulfat (1—1,5 g) und verdünnter
Schwefelsäure versetzt, $^1\!/_2$ Stunde im Kohlensäurestrom oder im
Kolben mit Bunsen'schem Ventil gekocht, und der Ueberschuss
von Eisendoppelsalz mit Permanganatlösung zurücktitrirt. Aus der
zur Oxydation gelangten Menge von Eisenammonsulfat lässt sich
der Gehalt an wirksamem Sauerstoff in bekannter Weise, und der
Gehalt an Persulfat nach obiger Gleichung berechnen.

Es findet zumeist das Ammoniumpersulfat Anwendung.

---

*) Insbesondere die Stärke ist oft schwierig zu entfernen.
**) Mittheilg. des k. k. technolog. Gewerbe-Museums. Jhrg. 1895, S. 310.

3. Verdickungsmittel.

Sie dienen einerseits zur Herstellung von Appreturen, andererseits zum Auftragen von Farbstoffen in der Kattundruckerei. Verwendung finden die verschiedensten Stärke- und Mehlsorten, Dextrin, Gummi, Traganth, Albumin, Caseïn u. a. m. Die Untersuchung dieser Producte ist oft sehr schwierig und unsicher. Hier seien nur Stärke, Dextrin, sowie einige Reactionen auf Gummi angeführt.

a) Stärke.

Ihre chemische Untersuchung wurde bereits im Kapitel VI besprochen. Zur Unterscheidung der einzelnen Stärkesorten können nur mikroskopische Prüfungen verwendet werden.

b) Dextrin.

Es wird erhalten durch Einwirkung verdünnter Säuren auf Stärke bei höherer Temperatur, auch durch Erhitzen von Stärke für sich und enthält neben Dextrin noch Wasser, Asche, Maltose, Stärke und sonstige organische Substanzen. Die Bestimmung dieser Bestandtheile, wie auch des Säuregehaltes, wird nach Hanofsky wie folgt durchgeführt.

25 g Dextrin bringt man in einen Kolben von 500 ccm, schüttelt mit kaltem Wasser gut durch, füllt zur Marke, lässt absitzen, filtrirt durch ein Faltenfilter und bestimmt im Filtrat: Maltose, Dextrin und Säuregehalt (Acidität).

α) Maltose. Sie wird durch ihre Eigenschaft, Fehling'sche Lösung direct zu reduciren, aus der abgeschiedenen Menge von Kupferoxydul ermittelt. Da das Reductionsvermögen sich mit der Concentration ändert, muss selbe immer gleich genommen werden. Man bestimmt daher durch eine Vorprobe, (ähnlich der bei der Prüfung auf Invertzucker S. 96 angegebenen) wie viel von der Lösung zur vollkommenen Reduction von 10 ccm Fehling'scher Lösung nothwendig ist, nimmt zur eigentlichen Bestimmung 1—2 ccm weniger und verdünnt diese stets mit so viel Wasser, dass das Gesammtvolumen 57—58 ccm beträgt. Diese Flüssigkeit wird in eine Porzellanschale einfliessen gelassen, in welche vorher 10 ccm Fehling'sche Lösung gebracht wurden, zum Kochen erhitzt und genau 4 Minuten darin erhalten. Das ausgeschiedene Kupferoxydul wird auf ein Asbestfilter gebracht und in bekannter Weise weiter behandelt. Bei der angegebenen Concentration entsprechen 113 Kupfer 100 wasserfreier Maltose. Der so gefundene Procentgehalt an Maltose sei M.

β) Dextrin. 50 ccm der Lösung werden auf 200 ccm verdünnt und mit 15 ccm Salzsäure (sp. G. = 1,125) durch zwei Stunden bei aufgesetztem Rückflussrohr zum schwachen Sieden erhitzt. Dextrin und Maltose gehen in Dextrose über. Man filtrirt in einen 500 ccm Kolben, neutralisirt nahezu mit Natronlauge, füllt zur Marke und bestimmt die Dextrose in 25 ccm mit Fehling'scher Lösung. Ist die Dextrosemenge in Procenten = D, so berechnet sich der Dextringehalt (da 20 Theile Dextrose 19 Theilen Maltose entsprechen) zu

$$0,9 \ (D - 1,05 \ M).$$

γ) Acidität. 50 ccm der Lösung werden unter Zusatz von Phenolphtaleïn mit $^1/_{10}$ Normallauge titrirt. Die verbrauchte Menge $^1/_{10}$ Lauge, auf 100 g Substanz umgerechnet, wird als Acidität bezeichnet.

δ) Stärke. 2,5—3 g Dextrin werden mit 200 ccm Wasser vertheilt, mit 15 ccm Salzsäure (sp. G. 1,125) wie nach β) behandelt, nahezu neutralisirt, auf 500 ccm gebracht, und ebenfalls eine Dextrosebestimmung in 25 ccm vorgenommen. Maltose, Dextrin und Stärke wurden in Dextrose übergeführt. Ist die Dextrosemenge in Procenten = D_1, so berechnet sich der Procentgehalt an Stärke zu:

$$0,9 \ (D_1 - D).$$

η) Wasser und Asche werden in bekannter Weise bestimmt. Beträgt der Wassergehalt W, der Aschengehalt A Proc., so berechnet sich der Gehalt „an sonstigen organischen Stoffen" zu:

$$100 - (\text{Maltose} + \text{Dextrin} + \text{Stärke} + W + A).$$

c) Gummi.

Von den zahlreichen Gummiarten kommen hauptsächlich in Anwendung: arabisches Gummi, Senegalgummi und Traganthgummi. Diese drei Gummiarten lassen sich im reinen Zustande durch ihr Aussehen unterscheiden. Auch ist arabisches Gummi am leichtesten, Senegalgummi schwieriger in Wasser löslich, während Traganthgummi sich nur zum geringen Theil in

Wasser löst, zu einer schleimartigen Masse aufquillt, die sich in einer hinreichenden Wassermenge vertheilt. Gummi wird häufig mit Dextrin verfälscht.

Zur Prüfung auf einen Gehalt von Senegalgummi und Dextrin in arabischem Gummi hat **Liebermann** folgende Reaction angegeben:

Man löst in lauwarmem Wasser, versetzt die Lösung mit überschüssiger Kalilauge und etwas Kupfervitriollösung, erwärmt schwach und filtrirt. Das etwas milchig getrübte Filtrat wird gekocht. Eine deutliche Kupferoxydul-Ausscheidung zeigt **Dextrin** an.

Der beim Behandeln mit Kalilauge und Kupfervitriol entstandene Niederschlag, welcher die Gummisäuren enthält, wird mit Wasser gewaschen, in verdünnter Salzsäure gelöst und mit viel Alkohol gefällt. Man lässt $\frac{1}{2}$—1 Tag absitzen, giesst die Flüssigkeit ab, wäscht die am Boden des Gefässes befindliche Gummischeibe mit Alkohol, löst in heissem Wasser und setzt einen Ueberschuss von Kalilauge und etwas Kupfervitriol zu. Entsteht hierbei ein sich zusammenballender, an die Oberfläche steigender Niederschlag, so deutet dies auf **arabisches Gummi**, während ein in der Flüssigkeit mehr vertheilter, kleinflockiger Niederschlag auf **Senegalgummi** oder ein Gemenge schliessen lässt.

Im ersteren Falle muss überdies eine wässerige Lösung mit Kalilauge gekocht bernsteingelb werden. Entsteht die bernsteingelbe Farbe unter den gleichen Umständen auch im zweiten Fall, so liegt ein Gemenge von arabischem und Senegalgummi vor, während eine nur schwach gelbliche oder keine Färbung auf Senegalgummi allein deutet.

4. Appreturmittel.

Die Anzahl der in der Appretur verwendeten Körper ist eine sehr grosse und wächst fortwährend. Im Folgenden seien die wichtigsten derselben hervorgehoben, und deren Rolle in der Appretur angegeben.

α) **Verdickungsmittel.** Sie sind im vorangehenden Abschnitt besprochen.

β) **Substanzen, welche die Waare weich, geschmeidig und hygroskopisch machen:** Glycerin, Traubenzucker, Fette,

Talg, Stearin, Paraffin, Cocosnussöl, Wachs, Ozokerit, Chlorcalcium, Chlorzink, Natron und Ammonsalze.

γ) **Beschwerungsmittel.** Gyps, Kreide, Bariumsulfat (Permanentweiss), Sulfate des Magnesiums, Natriums und Zinks, Talk, Chinaclay, Magnesiumchlorid, Baryumchlorid, Baryumcarbonat, Bleisulfat.

δ) **Farbmittel.** Ultramarinblau, Berlinerblau, Indigoblau, Indigocarmin, alle Gattungen blauer Theerfarben, ammoniakalische Cochenille, schwarze, graue und braune Mineralfarbstoffe.

η) **Antiseptische Körper.** Phenol, Creosot, Salicylsäure, Tannin, Campher, Oxalsäure, Zinksalze, Borsäure, Borax, Alaune, Thonerdesulfat, Ameisensäure etc.

ε) **Wasserdichtmachende Stoffe.** Fette, Firnisse, Harze, Paraffin, Tannin, basisches Aluminiumacetat und Aluminiumseifen.

Ausserdem können noch Körper enthalten sein, die den Stoff unverbrennlich machen, wie Borsäure, Phosphate, Silicate etc. und solche, die der Waare Metallglanz verleihen, darunter Schwefelmetalle, Metallstaub u. s. w.

Bei der grossen Anzahl von möglicherweise vorhandenen Körpern lässt sich eine allgemeine Regel für die Untersuchung der Appreturmittel nicht geben.

In folgendem ist die Analyse zweier einfacher und öfters vorkommender Producte beschrieben.

a) **Appreturmittel, enthaltend Stärkekleister und Chlormagnesium.**

α) **Stärke.** 10—20 g des Appreturmittels werden in einem ca. 500 ccm fassenden Kolben mit 200 ccm Wasser und 20 ccm Salzsäure (sp. G. 1,125) 3 Stunden zum schwachen Sieden erhitzt. Um das Verdampfen von Wasser zu vermeiden, setzt man an den Kolben ein Rückflussrohr. Nach dem Erkalten übergiesst man in einen Messkolben zu 500 ccm, setzt Natronlauge im Ueberschuss zu, um alle durch Alkali fällbare Magnesia abzuscheiden, verdünnt mit Wasser bis zur Marke, filtrirt rasch durch ein trockenes Filter und bestimmt in 25 ccm des Filtrats die durch Inversion entstandene Dextrose mittelst Fehling'scher Lösung nach dem für Stärke (S. 110) angegebenen Verfahren.

β) **Magnesia und Chlor.** Die Bestimmung dieser Bestandtheile in der Asche ist wegen der leichten Zersetzbarkeit des Chlormagnesiums nicht durchführbar. Ebenso würde auch die Gegenwart der Stärke bei der Fällung störend wirken. Selbe wird daher vorher durch Inversion mit verdünnter Salpetersäure, ähnlich wie unter a) verzuckert, und in einem Theile der so erhaltenen Lösung das Chlor, in einem zweiten Theile die Magnesia nach den üblichen Methoden bestimmt.

γ) Wasser und Asche. Eine genaue Bestimmung dieser Bestandtheile kann in Folge der leichten Zersetzbarkeit des Chlormagnesiums und der Schwierigkeit, das Wasser aus demselben vollständig zu entfernen, nicht vorgenommen werden. Doch kann man annähernde Resultate erhalten, indem man eine abgewogene Menge in einer Platinschale bei ca. 100⁰ bis zum nahezu constanten Gewicht trocknet und den Trockenrückstand dann verascht. Das Krystallwasser des Chlormagnesiums ist nach dem Trocknen noch zum grossen Theil vorhanden.

b) Appreturmittel, enthaltend Stärkekleister, Fett und schwefelsaures Zinkoxyd.

a) Stärke, Zinkoxyd und Schwefelsäure. 10—20 g des Appreturmittels werden so wie früher mit Salzsäure invertirt, von dem ausgeschiedenen Fett durch Filtration durch ein nasses Filter getrennt, und das Filtrat nach der annähernden Neutralisation mit Lauge auf 500 ccm gebracht. In 25 ccm desselben wird die Stärke wie früher bestimmt. Weitere, gemessene Mengen des Filtrats dienen zur Bestimmung von Zinkoxyd und Schwefelsäure nach bekannten Methoden.

β) Fett. Da die nach a) ausgeschiedenen Mengen von Fett meist für eine weitere Untersuchung nicht genügen, wird zweckmässig eine grössere Menge des Appreturmittels mit Salzsäure invertirt, und das ausgeschiedene Fett durch wiederholte Ausschüttlungen mit Aether extrahirt. Die gesammelten, ätherischen Auszüge werden durch Destillation vom Aether befreit, die letzten Antheile desselben durch Abblasen entfernt, und der Rückstand gewogen. Er enthält die Gesammtmenge des Fettes. In demselben können die üblichen Constanten wie die Verseifungszahl, Jodzahl etc., ferner etwa vorhandene unverseifbare Antheile bestimmt, und dadurch die Natur des Fettes erkannt werden.

5. Farbstoffe.

Dieselben werden nach ihrer Herkunft in natürliche und künstliche Farbstoffe eingetheilt. Nach der Verwendungsart lassen sie sich unterscheiden in basische, Säure-, Beizen-

und directe Baumwoll-Farbstoffe. Dazu kommt noch eine Anzahl erst auf der Faser selbst gebildeter Farbstoffe, wie die Küpenfarben, die Diazotirfarben und das Anilinschwarz. Jeder dieser Gruppen entsprechen besondere Färbemethoden, die hier kurz angedeutet seien.

Basische Farbstoffe. Anwendung auf Baumwolle. Das zu färbende Material muss vorerst gebeizt werden. Das Beizen erfolgt zumeist derart, dass man die Baumwolle erst in eine 60^0 warme Tanninlösung von $2-10\%$ ca. 12 Stunden einlegt, dann gut auswindet und in eine Lösung von $10-20$ g Brechweinstein pro Liter oder der entsprechenden Menge Antimonsalz $[SbFl_3 . (NH_4)_2 SO_4]$ bringt. Hierauf wird sehr gut gewaschen und in dem auf $50-60^0$ erwärmten Farbbade bis zur Erschöpfung des Farbbades ausgefärbt.

Anwendung auf Wolle. Ausfärben in neutralem oder mit Essigsäure ganz schwach angesäuertem Bade unter allmählichem Erhitzen zum Kochen.

Anwendung auf Seide. Ausfärben in neutralem, schwach essigsaurem oder gebrochenem Seifen-Bade unter allmählichem Erwärmen bis ca. 70^0.

Zu den basischen Farbstoffen zählen u. A.: Fuchsin, Auramin, Malachitgrün, Victoriablau, Methylviolett etc.

Säurefarbstoffe finden hauptsächlich in der Wollfärberei Anwendung. Man färbt in einem $2-4\%$ Schwefelsäure, oder 2 bis 5% Schwefelsäure und $10-15\%$ Glaubersalz, oder $5-10\%$ Natriumbisulfat (Weinsteinpräparat) haltigem Bade bei allmählicher Steigerung der Temperatur, zuletzt bei anhaltendem Kochen.

Die Gruppe der Säurefarbstoffe ist sehr reichhaltig. Wir erwähnen beispielsweise: Ponceau, Naphtolschwarz, Alkaliblau, Patentblau, Säure-Fuchsin, Säure-Violett.

Beizenfarbstoffe. Dem Färbeprocess geht sowohl bei Wolle wie bei Baumwolle das Beizen voran. Zumeist finden Aluminium-, Chrom- und Eisenbeizen Anwendung. Das Anbeizen der Wolle erfolgt durch $1-2$ stündiges Kochen in der Lösung des Beizmittels ($3-4\%$ Kaliumbichromat, $6-10\%$ Aluminiumsulfat, 4 bis 6% Eisenvitriol) unter Zusatz von Schwefelsäure (1%), Weinstein ($3-8\%$) oder Oxalsäure ($1-2\%$)*).

---

*) In neuerer Zeit findet auch Milchsäure Anwendung.

Ulzer-Fraenkel.   12

Beim Beizen der Baumwolle muss eine künstliche Fixirung mittelst chemischer Fällungsmittel stattfinden. Die Baumwolle kommt erst in eine ziemlich starke Lösung der Beize (Aluminiumsulfat, Aluminiumacetat, Chromalaun, Chromfluorid, salpetersaures Eisen), wird nach längerem Liegen ausgequetscht und passirt dann ein zur Fixirung dienendes Bad, welches Soda, Kreide, Ammoniumcarbonat etc. enthält. Schliesslich wird gut gewaschen.

Für Seide finden zumeist Eisen- und Zinnbeizen Verwendung. In der Regel wird gleichzeitig ein Beschweren, zuweilen auch ein Färben der Seide bewirkt, wie mittelst holzessigsaurem Eisen und Gerbsäure. In solchen Fällen müssen die Operationen mehrmals wiederholt werden.

Das Ausfärben der gebeizten Waaren erfolgt in neutralem Bade. Wegen der Wasserunlöslichkeit vieler Beizenfarbstoffe muss das Färbebad während des Ausfärbens in Bewegung erhalten werden. Auch ist zur Erzielung gleichmässiger Ausfärbungen die Temperatur sehr langsam zu steigern.

Zu den Beizenfarbstoffen gehört die grosse Gruppe der Alizarinfarben, dann die meisten natürlichen Farbstoffe, wie Blauholz, Gelbholz, Rothholz, Cochenille etc.

Directe Baumwoll-Farbstoffe (Benzidinfarben) färben auch Pflanzenfasern direct an. Es wird meist in schwach alkalischen [Soda, Seife 2—5 %, Borax, Thonerdenatron 5—10 %], zuweilen auch in neutralen, kochsalz- oder glaubersalzhaltigen oder schwach sauren Bädern ausgefärbt. Das Färben erfolgt in der Regel bei Kochhitze.

Auch diese Gruppe ist sehr reichhaltig. Es gehören u. A. in dieselbe: Benzopurpurin, Chrysamin, Benzo-Azurin, Diaminblau, Diaminschwarz.

Küpenfarben werden fast ausschliesslich mit Indigo erzeugt.*) Das in demselben enthaltene, unlösliche Indigblau oder Indigotin muss erst durch Reduction in der Küpe in wasserlösliches Indigweiss übergeführt werden. Als Reductionsmittel finden Eisenvitriol (Eisenküpe), Zinkstaub (Zinkküpe), unterschweflige Säure (Hydrosulfitküpe) zumeist Anwendung. Das mit Indigweiss getränkte Gewebe färbt sich beim Verhängen an der Luft durch Oxydation rasch blau.

---

*) In neuerer Zeit wird auch das künstlich hergestellte Indophenol verwendet.

Diazotirfarben. Benzidinfarbstoffe können auf der Faser diazotirt und dann in ein Entwicklungsbad, welches Phenole, Naphtole oder Amine gelöst enthält, gebracht werden. Es bildet sich eine neue Farbe, die zumeist der ursprünglichen ähnlich, aber voller ist, und sich im allgemeinen durch hohe Waschechtheit auszeichnet. Als Entwickler dienen zumeist: Phenol, Resorcin, β-Naphtol, m-Phenylendiamin, Naphtylaminäther, Amidodiphenylamin u. A. Die entstandenen Färbungen werden auch als Ingrain- oder Entwicklungsfarben bezeichnet.

Als Beispiel sei die zuerst aufgekommene Diazotirung des Primulins angegeben. Die Waare wird erst, wie gewöhnlich, mit dem Farbstoffe ausgefärbt, gespült und in ein Diazotirungsbad gebracht, welches auf 200 Theile Wasser 1 Theil Natriumnitrit und die genügende Menge Schwefelsäure oder Salzsäure enthält (Schwefelsäure etwa doppelt so viel, Salzsäure die ca. dreifache Menge des Nitrits). Das Diazotirungsbad wird am besten durch Einwerfen von Eis kalt gehalten. Nach kurzem Umziehen wird die Waare in kaltem Wasser gespült und in das Entwicklungsbad gebracht. Dieses kann aus einer alkalischen Lösung von Phenol, Resorcin, β-Naphtol, einer Lösung von salzsaurem m-Phenylendiamin etc. bestehen. Das Entwicklungsbad wird meist kalt angewendet. Die Waare wird nachher gespült.

Von diesen Diazotirfarben etwas verschieden ist die Erzeugung unlöslicher Azofarbstoffe auf vorher nicht gefärbter Faser. Die so erzeugten Farben werden auch als „Eisfarben" bezeichnet. Sie werden zum Färben, insbesondere aber zum Drucken baumwollener Stückwaare hergestellt. Das zu färbende Material wird zunächst mit der alkalischen Lösung eines Naphtols getränkt und dann durch eine Diazolösung gezogen. Auf diese Weise wird auf der Faser ein Azofarbstoff erzeugt, der ziemlich waschecht und sehr säure- und alkali-echt ist.

Als Beispiel sei die Herstellung des sehr schönen Paranitranilinroth angeführt. 144 g β-Naphtol werden mit 145 g Natronlauge (sp. Gew. 1,333) unter Zusatz von 500 g Türkischrothöl in 10 Litern Wasser gelöst, die Waare mit dieser Lösung getränkt und getrocknet. Dieselbe kommt nachher in das Diazotirungsbad. Dieses wird erhalten, indem man 69 g Paranitranilin in 200 ccm Salzsäure und 200 ccm Wasser kochend löst, zur erhaltenen Lösung 1 Liter kaltes Wasser und nach völligem Erkalten

500 g Eis setzt, alsdann mit 250 ccm doppelt normaler Nitritlösung diazotirt, auf 10 Liter verdünnt und vor dem Gebrauche 300 g Natriumacetat zusetzt. Die dem Diazotirungsbad wieder entnommene Waare wird gut gespült, bei 40° leicht geseift und getrocknet.

Anilinschwarz ist ein durch Oxydation von Anilin auf der Faser selbst erzeugter Farbstoff. Als Oxydationsmittel werden zumeist Kaliumbichromat oder chlorsaure Salze verwendet. Es kann auf Baumwolle, Wolle und Seide hergestellt werden.

Prüfung von Farbstoffen.

Die beste Methode zur Bestimmung des Werthes und der Stärke von Farbstoffen ist das vergleichende Ausfärben. Dabei kann man sich entweder eines ständigen Gegenmusters — der Type — zum Vergleiche bedienen, oder, wenn zwischen mehreren Sorten desselben Farbstoffes eine Wahl getroffen werden soll, die Färbungen mit sämmtlichen Mustern vornehmen. Im ersteren Falle färbt man unter gleichen Umständen auf dieselbe Nuance und vergleicht die verbrauchten Farbstoffmengen; sie sind dem Werthe des Farbstoffs umgekehrt proportional. Im zweiten Fall färbt man mit solchen Mengen der Farbstoffe, die gleiche Preise besitzen, und vergleicht die entstandenen Färbungen.

Unter den Ausfärbemethoden wählt man eine solche, die möglichst einfach und zuverlässig die Stärke des Farbstoffs und die Reinheit des Farbentones angibt. So kann man, um das Beizen der Baumwolle zu ersparen, auch mit basischen Farbstoffen auf Wolle ausfärben. Für Beizenfarbstoffe ist die Menge der Beize eher etwas höher, als in der Praxis üblich, zu nehmen. Wolle wird in der früher angegebenen Weise gebeizt. Für Baumwolle ist es zweckmässig, mit Eisen- und Aluminiumbeizen vorgedruckte Kattunstreifen zu verwenden*). Die Farbstoffmenge soll nicht zu gross gewählt werden, da sich minder satte Färbungen besser vergleichen lassen. Wird das Farbbad nicht erschöpft, so muss noch ein zweites, eventuell drittes Muster in dasselbe gebracht werden, bis es vollkommen ausgezogen ist.

Die auszufärbenden Muster müssen gleich schwer sein und sollen für Kammgarn und Baumwollgarn oder Kattun ca. 10 g

---

*) Selbe sind käuflich erhältlich.

wiegen. Sie werden, wenn nöthig, gebeizt und dann in Porzellan-
oder Glasgefässen ausgefärbt. Um ein gleichmässiges Erwärmen
zu ermöglichen, stellt man die Färbegefässe zweckmässig in heiz-
bare Oel- oder Glycerin-Bäder. Für Wolle wird die etwa fünfzig-
fache, für Baumwolle die dreissigfache Wassermenge vom Gewichte
der Waare genommen. Das verdampfende Wasser soll zeitweilig
ersetzt werden.

Zur Herstellung der Farbstofflösungen löst man von Theerfarben, wenn irgend möglich, 1 g pr. Liter. Von Farbholzextracten
werden 10—20 g pr. Liter gelöst. Von unlöslichen Farbpasten
werden 10—20 g abgewogen, mit 1 Liter Wasser vermischt und
vor dem Gebrauche gut durchgeschüttelt. Der Farbstoff wird
aus einer Pipette oder Bürette zugesetzt und, wie früher erwähnt, entweder auf gleiche Nuance oder mit gleich grossen, oder
mit gleichwerthigen Farbstoffmengen ausgefärbt. Nach dem Färben
wird gewaschen, eventuell geseift.

Wurden beispielsweise von zwei Lösungen Blauholzextract
beim Färben auf gleiche Nuance in einem Falle 70 ccm, im
anderen 56 ccm Farbstofflösung (in beiden Fällen 10 g Extract
pr. Liter) gebraucht, so ist ihr Werthverhältniss das umgekehrte,
nämlich 56 : 70 oder 80 : 100.

Prüfung auf Verunreinigung. Unorganische Verunreinigungen lassen sich an einem erhöhten Aschengehalt erkennen. Die Untersuchung der Asche lässt die Art derselben
feststellen. Organische Beimengungen bleiben in manchen
Fällen, wie Dextrin oder Stärke, nach dem Extrahiren mit Alkohol zurück und können so auch quantitativ bestimmt werden.

Specielle Untersuchungsmethoden.

Für einzelne natürliche Farbstoffe kommen neben den Probe-
färbungen auch noch specielle Untersuchungsmethoden in Anwendung. Von diesen sei hier nur die Untersuchung des Indigos auf dessen Gehalt an Indigotin nach dem Verfahren
von Schneider angeführt, welches sich auf die Löslichkeit des
Indigotins in Naphtalin gründet.

In den Erlenmeyerkolben K des nebenstehenden Apparates
(Fig. 12) werden 30 — 50 g reines und durch Schmelzen vorher
entwässertes Naphtalin gebracht. (Der Erlenmeyerkolben lässt
sich zweckmässig durch eine weithalsige Eprouvette ersetzen.)

Hierauf werden etwa 0,3 g des lufttrockenen Indigos in eine Extractionshülse H (käuflich bei Schleicher & Schüll) gegeben, mit ausgeglühtem Seesand mittelst eines kleinen Spatels oder durch Umschütteln gemischt und dann mit einer kleinen Papierscheibe bedeckt. Durch zwei in die Hülse zu steckende Drähte d wird selbe in den Kolben gehängt und die Drähte durch den

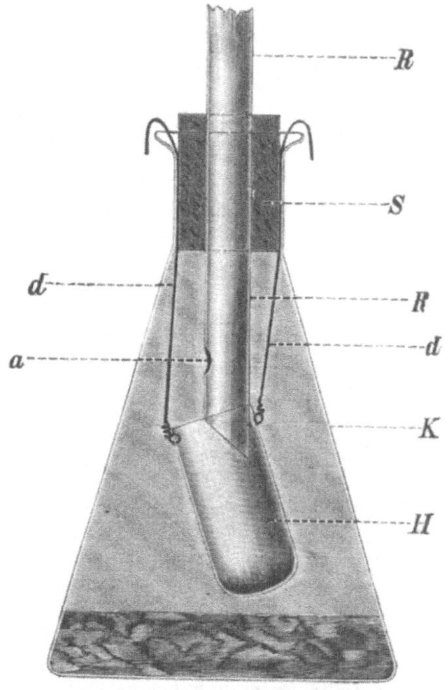

Fig. 12.
Indigo-Extractions-Apparat.

Korkstöpsel S innen an den Kolbenhals gedrückt. Durch die Bohrung des Stöpsels geht ein Kühlrohr R mit schrägem, in die Hülse hineinreichendem Ende, welches ausserdem bei a eine kleine Oeffnung haben kann, die den Naphtalindämpfen den Ausweg erleichtert. Doch kann letztere auch entfallen.

Nun wird durch allmählich gesteigertes Erhitzen das Naphtalin zum Sieden gebracht. Die im Kühlrohr verflüssigten

Dämpfe laufen in die Hülse und extrahiren das Indigotin.*) Eine anfangs stattfindende Ausscheidung von festem Naphtalin im Kühlrohr kann durch vorsichtiges Erwärmen desselben vermieden werden. Man erhitzt so lange, bis das aus der Hülse abfliessende Naphtalin durch längere Zeit nahezu farblos abläuft, lässt dann etwas abkühlen, übergiesst den Kolbeninhalt vorsichtig mit reinem Aether, filtrirt, nachdem alles Lösliche in Lösung gegangen, durch ein getrocknetes und gewogenes Filter, wäscht mit Aether gut nach, trocknet bei 100° und wägt das Indigotin.

In separaten Proben des Indigos bestimmt man noch den Wassergehalt durch Trocknen bei 100° und den Aschengehalt, indem man in einer Platinschale zunächst bei kleiner Flamme das Indigotin absublimirt und dann heftig bis zum constanten Gewicht glüht.

Erkennung von Farbstoffen.

Zum Erkennen von Farbstoffen kann das Verhalten derselben gegen Säuren, Alkalien, Reductionsmitteln etc. dienen.

Die diesbezüglichen, meist auf Farbenänderung oder Entfärbung beruhenden Reactionen, die auch zum Nachweis von Farbstoffen auf der Faser dienen können, finden sich insbesondere in dem vorzüglichen Werke von G. Schultz und P. Julius, „Tabellarische Uebersicht der künstlichen organischen Farbstoffe" beschrieben. Eine detaillirtere Beschreibung würde hier zu weit führen.

---

*) Indigroth wird zwar auch vom Naphtalin extrahirt, geht aber bei der späteren Behandlung mit Aether in Lösung, während Indigblau unlöslich hinterbleibt.

XI. Producte der Theer-Industrie.

1. Rohbenzol.

a) Bestimmung von Petroleumkohlenwasserstoffen.
100 g Rohbenzol werden mit einer Mischung von 150 g Salpetersäure von 42° Bé und 220 g conc. Schwefelsäure nitrirt, das erhaltene Reactionsproduct sorgfältig mit Wasser und sehr verdünnter Lauge gewaschen, dann getrocknet und einer fractionirten
Destillation unterworfen. Die bis 150° abdestillirenden Petro-
leumkohlenwasserstoffe werden abgemessen.

b) Fractionirte Destillation. 100 ccm Rohbenzol werden
in ein Fractionskölbchen gebracht, in welches ein Thermometer
mittelst Korkes derart eingestellt wird, dass der obere Rand des
Quecksilbergefässes mit der tiefsten Stelle des Ansatzrohres in
genau gleiche Höhe kommt. Mit dem Fractionskolben ist ein
Kühlrohr verbunden, unter welches ein Messcylinder gestellt wird.
Nun wird vorsichtig erhitzt und die Temperatur, bei welcher der
erste Tropfen überdestillirt, als Beginn des Siedens genau
notirt. Man destillirt derart weiter, dass das Destillat ziemlich
schnell, aber doch in leicht zu zählenden einzelnen Tropfen in
den Messcylinder kommt. Von 5 zu 5° liest man das Volumen
der abdestillirten Flüssigkeit ab. Bei 100° entfernt man die
Flamme, lässt abtropfen und notirt die Menge des erhaltenen
Destillates. Hierauf destillirt man weiter bis zu Ende.

Folgende Tabelle zeigt den Verlauf der Destillation für 90,
50 und 30 proc. Benzol:

Gehalt des Benzols	Beginn des Siedens	Menge des Destillates in ccm bis							Specif. Gewicht
		85°	90°	95°	100°	105°	115°	120°	
90%	82°	20	72	84	*90*	95	98	—	0,882
50%	88°	—	5	30	*50*	64	81	94	0,880
30%	—	—	2	12	*30*	42	92	90	0,875

2. Rohxylol.

Bestimmung der drei Xylole nach Lewinstein. Das Verfahren, welches wohl practisch nur wenig geübt wird, beruht auf dem verschiedenen Verhalten dieser Körper zu verdünnter Salpetersäure, ferner zu conc. und rauchender Schwefelsäure.

100 ccm Rohxylol werden in einem Kolben mit 40 ccm Salpetersäure (sp. G. 1,4) und 60 ccm Wasser unter fortwährendem Schütteln $\frac{1}{2}$—1 Stunde gekocht. Wenn das Entweichen rother Dämpfe aufgehört hat, wird im Scheidetrichter die Säure von den Kohlenwasserstoffen getrennt, die letzteren durch Schütteln mit Natronlauge gewaschen und im Wasserdampfstrom destillirt. Das Volumen der im Destillate enthaltenen Kohlenwasserstoffe (a), bestehend aus Metaxylol und Kohlenwasserstoffen der Fettreihe, wird gemessen, und dieselben hierauf mit dem $1\frac{1}{2}$fachen Volumen conc. Schwefelsäure eine halbe Stunde geschüttelt. Metaxylol geht dabei als Sulfosäure in Lösung, während die Fett-Kohlenwasserstoffe zurückbleiben. Wird deren Volumen (b) von dem früheren Volumen (a) abgezogen, so ergibt die Differenz (a—b) die Menge des Metaxylols.

Zur Bestimmung des Paraxylols schüttelt man 100 ccm Rohxylol mit 120 ccm conc. Schwefelsäure eine halbe Stunde gut durch; hierbei gehen Ortho- und Metaxylol als Sulfosäuren in Lösung. Wenn bei weiterem Zusatz von Schwefelsäure diese farblos bleibt, wird das Volumen des aus Paraxylol und Paraffinen bestehenden nicht gelösten Oeles abgelesen; es sei c. Nunmehr wird das Oel von der Säure getrennt und mit dem gleichen Volumen rauchender Schwefelsäure (enthaltend 20 Proc. Anhydrid) durchgeschüttelt. Paraxylol geht in Lösung, die Fettkohlenwasserstoffe bleiben unverändert. Ist deren Volumen d, so ergibt die Differenz c—d die Menge des Paraxylols.

Werden die Volumprocente an Meta- und Paraxylol, sowie an Fettkohlenwasserstoffen addirt und deren Summe von 100 subtrahirt, so ergibt die Differenz den Gehalt an Orthoxylol.

3. Rohanthracen.

Die Bestimmung des Anthracengehaltes nach Luck (modificirt von Meister, Lucius u. Brüning) gründet sich darauf, dass das Anthracen durch Oxydation mit Chromsäure in essigsaurer Lösung in Anthrachinon übergeht, welches durch weitere Einwirkung von Chromsäure und von conc. Schwefelsäure bei 100° nicht angegriffen wird. Hingegen werden die anderen Bestandtheile des Rohanthracens (wie Acenaphten, Fluoren, Phenanthren, Carbazol, Fluoranthen etc.) entweder vollständig verbrannt oder in Sulfosäuren verwandelt, die in Wasser oder Alkalien löslich sind.

1 g Rohanthracen wird in einem 500 ccm fassenden Kolben mit 45 ccm Eisessig übergossen. Der Kolben trägt einen doppelt durchbohrten Stöpsel, durch dessen eine Bohrung ein Tropftrichter geht, während in die andere ein mit einem Rückflusskühler verbundener Vorstoss gebracht wird. Zur kochenden Anthracenlösung lässt man durch den Tropftrichter allmählich eine Lösung von 15 g Chromsäure in 10 ccm Eisessig und 10 ccm Wasser zufliessen. Nachdem sämmtliche Chromsäure im Verlaufe von 2 Stunden eingebracht worden, kocht man noch 2 Stunden weiter, lässt 12 Stunden stehen, verdünnt mit 400 ccm Wasser und filtrirt nach 3 Stunden vom abgeschiedenen Anthrachinon. Dieses wird erst mit reinem, dann mit kochendem alkalischen und schliesslich wieder mit reinem heissen Wasser ausgewaschen. Hierauf wird dasselbe vom Filter in eine kleine, flache Porcellanschale gespritzt, das Wasser abgedampft, der Rückstand bei 100° getrocknet und mit der 10fachen Menge rauchender Schwefelsäure (68° Bé) durch 10 Minuten am Wasserbade erhitzt. Die so erhaltene Lösung lässt man 12 Stunden an einem feuchten Orte stehen, verdünnt dann mit 200 ccm kaltem Wasser und filtrirt das reine Anthrachinon ab. Man wäscht dasselbe wie früher aus, spritzt es in eine gewogene Schale, trocknet bei 100° und wägt. Hierauf wird das Anthrachinon durch Erhitzen verflüchtigt und eine etwa zurückbleibende, geringe Aschenmenge von dem erst er-

haltenen Gewicht abgezogen. Das so gefundene Anthrachinon ist dann noch auf Anthracen umzurechnen (207,5 Anthrachinon entsprechen 177,58 Anthracen).

4. Rohe Carbolsäure.

Bestimmung der Phenole. 120 g der rohen Carbolsäure werden aus einem Kölbchen, welches mit einem Kühlrohr verbunden ist, bis auf ca. 8 g Rückstand abdestillirt*), das Destillat in Aether gelöst und in einem Scheidetrichter mit 10 proc. Natronlauge ausgeschüttelt. Man wäscht die ätherische Schichte mehrmals mit verdünnter Natronlauge, die wässerig-alkalische Schichte mehrmals mit Aether. Die vereinigten alkalischen Ausschüttelungen werden alsdann mit Salzsäure (1 : 1) bis zur sauren Reaction versetzt und abermals mit Aether ausgeschüttelt. Nach dem Waschen der Aetherausschüttelung mit Wasser und der sauren Ausschüttelungen mit Aether im Scheidetrichter werden die Aetherausschüttelungen in einem gewogenen Kolben gesammelt, der Aether, soweit als möglich, abdestillirt und die letzten Reste desselben dadurch entfernt, dass man den Kolben mit einem Dephlegmator oder einer Linnemann'schen Kugelröhre verbindet und am Drahtnetze so lange erhitzt, bis das eingebrachte Thermometer über ·100⁰ zu steigen beginnt. Man lässt dann erkalten und wägt den Kolben mit den zurückgebliebenen Phenolen.

5. Dimethylanilin.

Zur annähernden Bestimmung eines Gehaltes an Monomethylanilin kann die Temperaturerhöhung beim Vermischen mit dem gleichen Volumen Essigsäureanhydrid verwendet werden.

Jedem Grade, um welchen die Temperatur sich erhöht, entspricht ein Gehalt von beiläufig $1/_2$ Proc. Monomethylanilin. Reines Dimethylanilin zeigt beim Vermischen eine Temperaturerniedrigung von $1/_2$⁰. Man verwendet zur Prüfung je 4 ccm.

Genauer lässt sich der Gehalt an Monomethylanilin nach Nölting und Boasson dadurch ermitteln, dass man auf das

---

*) Die Destillation wird nur deshalb vorgenommen, weil die spätere Ausschüttelung mit dem Destillate leichter durchzuführen ist und eine leichtere scharfe Trennung der beiden Schichten erzielt werden kann.

Product salpetrige Säure einwirken lässt. Hierbei wird Monomethyl-anilin in ätherlösliches Methylphenylnitrosamin $C_6H_5N(NO)CH_3$ übergeführt, während salzsaures Dimethylanilin in salzsaures Nitrosodimethylanilin $C_6H_4(NO).N(CH_3)_2.HCl$ übergeht, welches aus der wässerigen Lösung mit Aether nicht extrahirt werden kann.

Zur Durchführung löst man nach Nietzki 30 g Dimethyl-anilin in 80 g conc. Salzsäure und ca. $1/_2$ Liter Wasser und lässt unter guter Kühlung 38 g Natriumnitrit zufliessen. Nach einiger Zeit schüttelt man wiederholt mit Aether aus, vereinigt die ätherischen Auszüge, verjagt den Aether durch Verdunsten, trocknet das rückständige Oel über Schwefelsäure und wägt. Die Menge des gefundenen Nitrosamins, mit 0,786 multiplicirt, gibt die Menge des ursprünglich vorhandenen Monomethylanilins.